1+X职业技能等级证书（植保无人飞机应用）配套教材

植保无人飞机应用
（初级）

组　编　北京韦加科创技术有限公司
主　编　曹明兰　林正平
副主编　李亚东　辛海明　吕　阳
参　编　谷敬书　孙传原　陈忆兵　原晓华
李　鹏　邝　烨　皇运龙　王永强
陈　鹏　陆　叶　卓宏明

机　械　工　业　出　版　社

本书是1+X“植保无人飞机应用”职业技能等级证书配套教材，结合《植保无人飞机应用职业技能等级标准》中对植保无人飞机在农业、林业、植保等领域，从事植保喷洒、播种、牧草植保、林业植保、植物生长评估、农田信息监测、病虫害监测与防治等多种运行场景下对植保无人飞机应用的技能要求，设置基本理论与技能训练内容，使学生能够按照安全操作规范对植保无人飞机进行正确组装与调试、根据农药安全使用要求正确使用灌装喷洒药液、操纵无人飞机在视距内场景下进行植保作业、按照操作手册要求对植保无人飞机装备进行整理、运输、贮存保管和日常维护保养。

本书可作为各类职业院校无人机应用技术及相关专业的教材，也可作为从事无人机植保技术相关社会从业人员的培训教材，还可作为植保无人飞机爱好者的自学参考用书。

本书配有PPT电子课件，选用本书作为教材的教师可以在机械工业出版社教育服务网（www.cmpedu.com）免费注册后下载。

图书在版编目（CIP）数据

植保无人飞机应用．初级/北京韦加科创技术有限公司组编；曹明兰，林正平主编．—北京：机械工业出版社，2022.10

1+X职业技能等级证书（植保无人飞机应用）配套教材

ISBN 978-7-111-71667-9

Ⅰ．①植…　Ⅱ．①北…　②曹…　③林…　Ⅲ．①无人驾驶飞机—应用—植物保护—教材　Ⅳ．①S4

中国版本图书馆CIP数据核字（2022）第176950号

机械工业出版社（北京市百万庄大街22号　邮政编码100037）

策划编辑：李绍坤　　　　责任编辑：李绍坤

责任校对：贾海霞　李　婷　封面设计：鞠　杨

责任印制：单爱军

北京虎彩文化传播有限公司印刷

2023年1月第1版第1次印刷

184mm×260mm・11印张・251千字

标准书号：ISBN 978-7-111-71667-9

定价：49.80元

电话服务	网络服务
客服电话：010-88361066	机　工　官　网：www.cmpbook.com
010-88379833	机　工　官　博：weibo.com/cmp1952
010-68326294	金　　书　　网：www.golden-book.com
封底无防伪标均为盗版	机工教育服务网：www.cmpedu.com

前言

PREFACE

为了深入贯彻落实《国务院关于印发〈国家职业教育改革实施方案〉的通知》《关于在院校实施“学历证书+若干职业技能等级证书”制度试点方案》等文件精神，编者共同编写了本书。本书以教育部批准的《植保无人飞机应用职业技能等级标准》为纲领，通过植保无人飞机应用基础知识与大量实践技能训练项目编撰而成。本书内容通俗易懂，实用性强，主要面向农业、林业、植保等领域中多旋翼植保无人飞机应用岗位。

本书共6个单元，其中单元1和单元2为理论知识储备部分，以植保无人飞机系统组成与原理为重点，着重介绍植保无人飞机的动力系统、导航飞控系统、链路系统、喷洒系统、多旋翼无人飞机的工作原理等内容。单元3至单元6为实践技能训练部分，以任务形式分别介绍了植保无人飞机的组装调试、作业准备、植保作业、日常维护、农药安全使用等内容。

本书由北京韦加科创技术有限公司组编，曹明兰、林正平担任主编，李亚东、辛海明、吕阳担任副主编，谷敬书、孙传原、陈忆兵、原晓华、李鹏、邝烨、皇运龙、王永强、陈鹏、陆叶、卓宏明参加编写。

本书的完成得益于很多人的支持。在此特别感谢大疆创新科技有限公司、北方天途航空技术发展（北京）有限公司、金翼飞翔（北京）航空科技有限公司。

由于编者水平有限，书中不妥之处在所难免，恳请读者批评指正。

编　者

目录

CONTENTS

第1部分

理论知识储备

Unit 1

单元 1 初识植保无人飞机

单元概述

1. 职业技能等级证书技能要求

植保无人飞机应用职业技能等级标准理论知识储备部分见表1-1。

表1-1 职业技能等级标准理论知识储备部分

工作任务	职业技能要求
认识植保无人飞机	◆ 熟悉植保无人飞机的概念、分类与特点 ◆ 熟悉植保无人飞机系统的组成与功用 ◆ 了解植保无人飞机的各个应用领域 ◆ 了解农业技术推广法、植物新品种保护法条例、农药安全使用规范等与植保相关的法律条例

2. 知识引入

随着城镇化进程的加快，土地规模化经营趋势凸显，我国耕地面临劳动力紧缺的问题，规模化、自动化种植成为发展的必然趋势。为推动农用航空器在农业生产领域的应用，加快农业生产全程机械化进程，引导植保无人飞机技术开发和规范应用，助力农业绿色发展，2017年3月，农业部首度提出将植保无人飞机纳入农机补贴进行试点。农业部、财政部、民航局三部门联合发布了《关于开展农机购置补贴引导植保无人飞机规范应用试点工作的通知（农办机〔2017〕10号）》，将植保无人飞机纳入地方补贴范畴。2018年，农业农村部和财政部联合印发了《关于做好2018—2020年农机新产品购置补贴试点工作的通知》，明确表示要鼓励无人飞机在植保领域的发展创新，推动植保无人飞机行业的发展。2018年《国务院关于加快推进农业机械化和农机装备产业转型升级的指导意见》（国发〔2018〕42号）要求“加快精准农业、智能农机、绿色农机等标准制定，构建现代农机装备标准体系”“加强绿色高效新机具新技术示范推广”“积极发展农用航空，规范和促进植保无人机推广应用”。政策扶持和引导为我国发展现代农业、加快培养和选拔农业高技能人才、推进无人飞机植保作业技术应用指明了方向，使植保无人飞机市场进入快速发展期。为规范民用无人飞机驾驶员的管理，促进民用无人飞机产业的健康发展，先后出台相关法规，以规范无人飞机市场。随着我国民用多旋翼无人飞机适航管理的不断完善，民用多旋翼无人飞机适航管理要求和技术标准在逐步健全，民用多旋翼无人飞机的市场化运营在获得更多空域的同时也会得到更严格的监管，航空安全与公众利益将得到更好的保障。

植保无人飞机是指用于农林植物保护作业的无人驾驶飞机，由飞行平台与喷洒系统组成，通过地面人员遥控或飞控自主作业来实现植保作业，可以完成农药喷雾作业、叶面肥喷雾作业、促进授粉作业等。我国作为农业大国，每年需要大量的人员从事农业植保作业。植保无人飞机无须专用起降机场，旋翼产生的向下气流有助于增加雾流对作物的穿透性，防治效果好，远距离遥控操作，使得喷洒作业人员避免了暴露于农药的危险，提高了喷洒作业安全性。在民用无人飞机迅猛发展的大背景下，其运行安全问题也成为公众关注的焦点。国内曾经发生过无人飞机违规飞行对民航客机产生影响的事件，也发生过无人飞机危及地面人员生命财产安全的事件。在此背景下，民航局陆续颁布了一系列文件来规范管理无人飞机的审定与运营工作，以保障航空安全。民用植保无人飞机也必须遵守相关的法律法规。

本单元将带领学生认识植保无人飞机，介绍植保无人飞机的概念、分类、特点及其应用领域。同时，了解植保无人飞机相关的法律条例，包括《中华人民共和国农业技术推广法》《中华人民共和国植物新品种保护条例》《农药安全使用规范》等方面的内容，培养学生遵纪守法、严谨认真的职业精神。

学习目标

1．知识目标

1）掌握多旋翼植保无人飞机的概念与分类。

2）掌握多旋翼植保无人飞机的特点与功用。

3）了解植保无人飞机的应用领域。

4）掌握植保无人飞机相关的法律条例。

5）熟悉农药安全使用规范。

2．能力目标

1）具备搜集、整理、总结和应用民用无人飞机相关法律法规文件的能力。

2）熟悉农药配制操作流程。

1．植保无人飞机的概念

无人驾驶航空器（Unmanned Aircraft，UA）是一架由遥控站管理（包括远程操纵或自主飞行）的航空器，也称遥控驾驶航空器（Remotely Piloted Aircraft，RPA）。

无人飞机系统（Unmanned Aircraft System，UAS）也称无人驾驶航空器系统，是指一架无人飞机、相关的遥控站、所需的指令与控制数据链路以及批准的型号设计规定的任何其他部件组成的系统。

植保无人飞机系统，如图1-1所示。

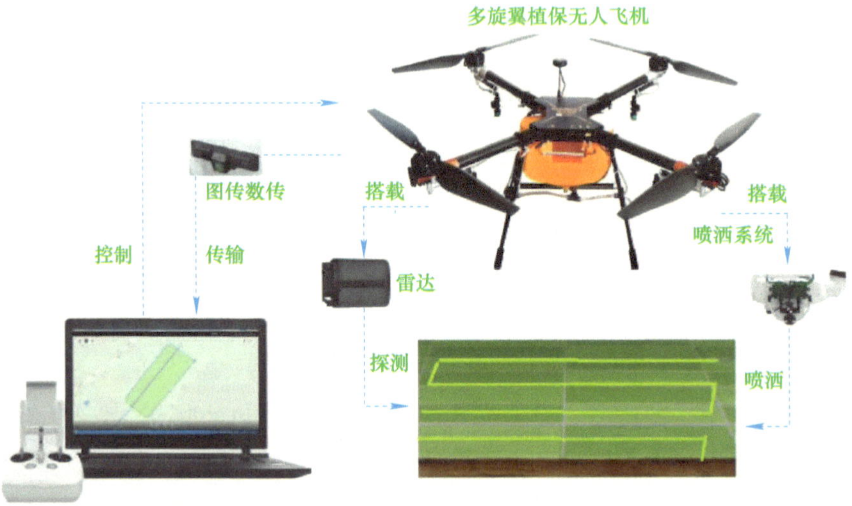

图1-1　植保无人飞机系统示意图

2. 植保无人飞机的分类

植保无人飞机可按照飞行平台构型、动力类型等进行分类。按飞行平台构型分类，植保无人飞机可分为植保无人直升机和多旋翼植保无人飞机，如图1-2所示。

图1-2　植保无人直升机和多旋翼植保无人飞机

植保无人直升机的前进、后退、上升、下降主要依靠调整主桨的倾斜角度来实现，转向是通过调整尾部的尾桨来实现。它具有统一且稳定的下压风场，穿透性更强，具有良好的植保效果，续航时间长、载重大、速度快。但其结构复杂、操作难度大、起降阶段有条件限制、无法悬停，飞手需要较长的培训周期才能达到作业要求。而且在田间作业时，一旦发生事故，损失较大，需要较长的维修周期和较多的配件投入。

多旋翼植保无人飞机通常装有4个以上旋翼作为动力装置，能够垂直起降，具有操作简单、结构简单、价格相对低廉、起降阶段对场地要求不高、可悬停等特点。多旋翼植保无人飞机因为飞行平台特性导致其载重量和续航等性能参数相对较低，而且由于多个旋翼结构导致其存在多个互相干扰的风场，其植保效果稍弱于植保无人直升机。

按动力类型分类，植保无人飞机可分为电动机与内燃机。目前在我国市场上，农业植保无人直升机和多旋翼农业植保无人飞机均以电动为主。电动植保无人直升机是在油动直升机基础上解决其发动机寿命过短、调试困难等问题而产生的新型直升机。它采用无刷电机与锂离子电池作为动力，电机使用寿命与效率大大提高，但其续航时间和载重性能都有所降低，并存在培训周期较长、摔机成本较大、维修周期长等问题。目前，我国植保无人直升机市场保有量远低于多旋翼植保无人飞机。

电动多旋翼植保无人飞机有操作简单、性能可靠等优点。零基础学员通过10天左右的训练，能够基本掌握这类无人飞机的作业方法。多旋翼植保无人飞机的购买、维修维护成本均低于植保无人直升机，这也是多旋翼植保无人飞机迅速发展起来的重要原因。由于多旋翼植保无人飞机的载重量与续航性能相对较低，在锂离子电池性能没有突破的情况下，需要准备多块锂离子电池以循环使用，电池更换较频繁。

多旋翼植保无人飞机可按照外形结构、旋翼数量、用途、重量、控制方式和市场定位等进行分类。

1）按照多旋翼植保无人飞机的旋翼数量不同，可分为四旋翼植保无人飞机、六旋翼植保无人飞机、八旋翼植保无人飞机。

四旋翼植保无人飞机结构简单、飞行效率高，目前应用最多，如图1-3所示。但是，四旋翼植保无人飞机的任何一个电机发生停转或螺旋桨断裂都会导致飞机坠毁，所以安全性较低。

图1-3 四旋翼植保无人飞机

六旋翼植保无人飞机是在四旋翼基础之上增加了两个旋翼而形成的设计，如图1-4a所示。在六旋翼植保无人飞机运行时，其中一个机臂失去动力时，仍然能够保持机身稳定，所以其稳定性高于四旋翼植保无人飞机。随着旋翼数量的增加，在相同的机身重量下，单个旋翼所形成的风场面积减小，这将提高多旋翼植保无人飞机风场的复杂程度。

八旋翼植保无人飞机在六旋翼基础上增加了两个旋翼，如图1-4b所示。在八旋翼植保无人飞机运行时，可实现不相邻的两臂同时失去动力时，仍然能够稳定悬停，更加提升了多旋翼植保无人飞机的稳定性。其中，动力冗余性的设计是在强调设备稳定性的前提下产生的，将多旋翼植保无人飞机的安全性又提升到一个新的台阶。

a)　　b)

图1-4　六旋翼植保无人飞机和八旋翼植保无人飞机

a）六旋翼植保无人飞机　b）八旋翼植保无人飞机

2）按照气动布局进行分类，可分为X形布局和十字形布局，如图1-5所示。

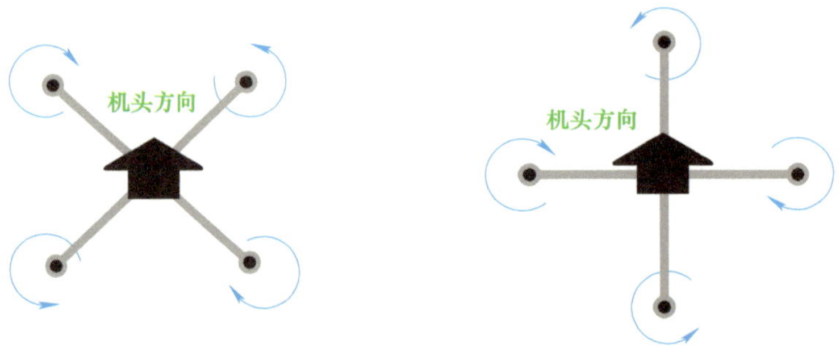

图1-5　多旋翼X形与十字形气动布局的机头方向

十字形多旋翼气动结构是最早出现的一种多旋翼无人机气动布局之一，如图1-6所示。因其控制前后左右的飞行比较直观，只需要改变轴向上电机的转速，即可改变无人飞机姿态从而实现基础飞行，因此便于简化飞控算法的开发。但其构造导致无人飞机前行拍摄时，正前方的螺旋桨容易进入画面造成遮挡。随着飞控系统的发展，十字形布局逐渐被X形布局取代。十字形结构多旋翼植保无人飞机在喷头布置上具有一定优势，可在其左右对称的两个电机以及朝前的电机下分别布置一个喷头，3个喷头在平面空间形成完整的喷雾范围。

X形气动布局多旋翼无人飞机在前进方向的等分角度（左前、右前距机头方向均45°，机尾相同）放置相反方向旋转的电机，以抵消电机转动时产生的反扭力，如图1-7所示。X形结构是目前多旋翼植保无人飞机最常见的布局。相比十字形多旋翼，前后左右动作时加减速的电动机较多，控制比较迅速有力。大疆创新的MG-1/1S系列、极飞科技的P-20系列都属于X形结构。

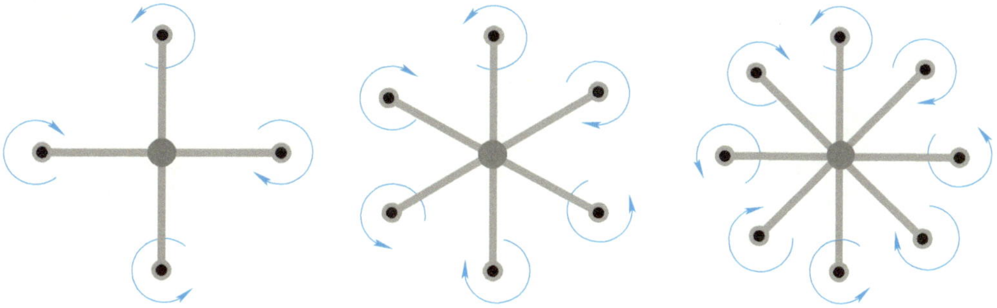

图1-6　十字形旋翼气动布局与电机转向示意图

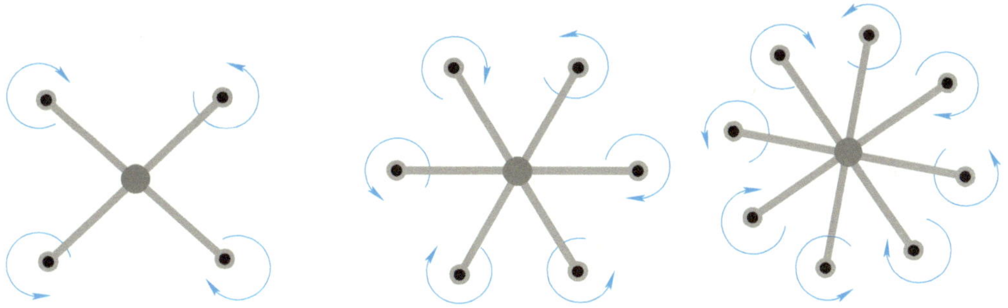

图1-7　X形旋翼气动布局与电机转向示意图

3．植保无人飞机的特点

对于高秆作物，由于其特殊的种植模式和作物特性，大型地面施药机具难以适应其病虫害防治要求。由于需要专用的农业航空专用机场和跑道，在丘陵山区、家庭式的种植模式下难以发挥固定翼飞机施药的优势。因此，农用轻型多旋翼植保无人飞机已经广泛应用在农作物植保领域。利用多旋翼植保无人飞机进行植保作业具有以下几个特点。

（1）作业效率高

多旋翼植保无人飞机作业每分钟能够完成1～2亩（1亩=666.6m^2）地，作业效率是人工作业的30倍以上。在目前农村土地流转逐渐加速的前提下，耕地将越来越集中，传统打药方式将成为高效农业的阻碍。如果上千亩的农作物同时突发虫害的话，使用人力喷药根本无法快速全部覆盖，然而使用多旋翼植保无人飞机则可快速完成喷药作业，如图1-8所示。

（2）安全性高

以前，因人工喷药而导致农药中毒的事件时常发生，甚至有些人不治身亡。使用多旋翼植保无人飞机进行作业，实现了人药分离，使操作人员远离作业区域，保证了人员安全，如图1-9所示。

图1-8　使用植保无人飞机快速完成大面积喷药工作

图1-9　植保无人飞机操作人员远离作业区域

（3）防治效果好

多旋翼植保无人飞机在作业时具有强烈的下行气流，雾化效果好，可将药雾快速直达作物，如图1-10所示。下行气流可对作物进行摇动，促进药雾更好地到达作物叶子的背面以及根茎部，喷洒更均匀。同时，多旋翼植保无人飞机作业时，进行航线规划，有效避免了重喷与漏喷现象，提高了药液利用率。

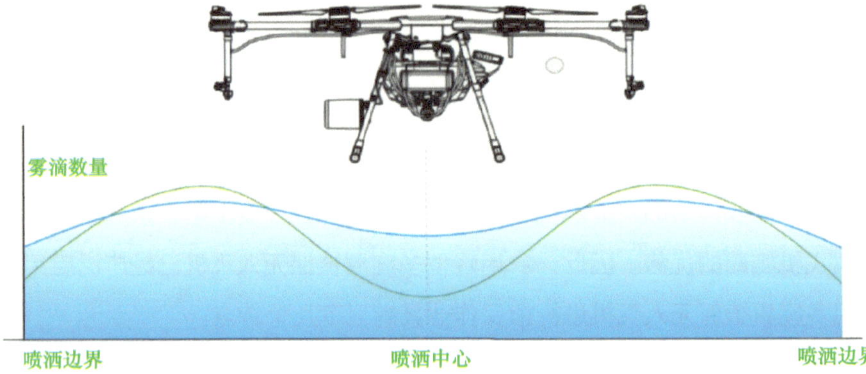

图1-10　植保无人飞机防治效果好

（4）环保效益高

飞防植保属于高浓度低容量作业，该作业方式使其具有节水、省药的特点，有效减少了农药残留及土壤农药污染问题，环保效益高。这种规模化的喷洒方式，有利于政府对农作物质量的控制，符合我国绿色农业的发展要求。

（5）适用性强

植保无人飞机体积小巧、方便转场和运输，不受地形条件限制，适用于高杆、藤类等作物及平原、丘陵、山坡、草原、森林等复杂地形的病虫害防治，具有较明显的优势，如图1-11所示。

图1-11　某植保无人飞机正在喷洒作业

4．植保无人飞机的应用

（1）喷洒作业

装载超声波、雷达以及先进的喷洒系统的植保无人飞机，被广泛地应用于农林植物保护作业，该类型无人飞机能够根据地理地形不断调整飞行高度和方向，并自主识别、躲避障碍物（电线、树丛等）。依托先进的喷洒系统对农作物实施精准而均匀的喷洒作业，可实现农药自动定量、精准控制、低量喷洒，减少农药对土壤和环境的污染。

（2）农情监测

农情监测主要包括病虫监测、灌溉情况监测及农作物生长情况监测等。携带摄像头的植保无人飞机可以全天候多次进行农田巡查，帮助农民充分、全面地了解农作物的生长环境、周期等各项指标，从灌溉到土壤变异，再到肉眼无法发现的病虫害、细菌侵袭，找出受灾区域，以便更好地进行田间管理。无人飞机农田信息监测具有范围大、时效强和客观准确等优势。

（3）森林资源调查与监测

目前大面积森林资源调查较多采用卫星图片，其成本较高，容易受云层的影响，地形地貌易被遮挡，分辨率无法满足森林调查的需求，导致不能精准地反映地形地貌而失去利用价值。应用无人飞机技术可以有效减少野外作业工作量，同时提高了测图的速度和精度。无人飞机搭载多光谱相机，监测森林资源变化区域，更加适合对植被生长阶段的动态监测。

（4）森林火灾监测及管理

植保无人飞机通过搭载摄像设备和影像传输设备，可随时执行火警侦察和火场探测任务。无人飞机可以全天候在空中对林区进行勘查，及时发现火情、报告火场位置，采取行动将火灾消灭在初期，配备彩色CCD任务载荷，按预定航迹对林区进行空中巡查。重点解决地面巡护人员无法顾及的偏远地区的森林火灾的早期发现，以及对重大森林火灾现场的各种动态信息的准确把握和及时了解。作为当前林业监测手段的有力补充，无人飞机展现出其他方式无法比拟的优越性。

5．植保相关的法律条例

（1）《中华人民共和国农业技术推广法》摘要

第一章　总则

第一条　为了加强农业技术推广工作，促使农业科研成果和实用技术尽快应用于农业生产，增强科技支撑保障能力，促进农业和农村经济可持续发展，实现农业现代化，制定本法。

第二条　本法所称农业技术，是指应用于种植业、林业、畜牧业、渔业的科研成果和实用技术，包括：

1）良种繁育、栽培、肥料施用和养殖技术；

2）植物病虫害、动物疫病和其他有害生物防治技术；

3）农产品收获、加工、包装、贮藏、运输技术；

4）农业投入品安全使用、农产品质量安全技术；

5）农田水利、农村供排水、土壤改良与水土保持技术；

6）农业机械化、农用航空、农业气象和农业信息技术；

7）农业防灾减灾、农业资源与农业生态安全和农村能源开发利用技术；

8）其他农业技术。

本法所称农业技术推广，是指通过试验、示范、培训、指导以及咨询服务等，把农业技术普及应用于农业产前、产中、产后全过程的活动。

第三条　国家扶持农业技术推广事业，加快农业技术的普及应用，发展高产、优质、高效、生态、安全农业。

第四条　农业技术推广应当遵循下列原则：

1）有利于农业、农村经济可持续发展和增加农民收入；

2）尊重农业劳动者和农业生产经营组织的意愿；

3）因地制宜，经过试验、示范；

4）公益性推广与经营性推广分类管理；

5）兼顾经济效益、社会效益，注重生态效益。

第五条　国家鼓励和支持科技人员开发、推广应用先进的农业技术，鼓励和支持农业劳动者和农业生产经营组织应用先进的农业技术。

国家鼓励运用现代信息技术等先进传播手段，普及农业科学技术知识，创新农业技术推广方式方法，提高推广效率。

第六条　国家鼓励和支持引进国外先进的农业技术，促进农业技术推广的国际合作与交流。

第七条　各级人民政府应当加强对农业技术推广工作的领导，组织有关部门和单位采取措施，提高农业技术推广服务水平，促进农业技术推广事业的发展。

第八条　对在农业技术推广工作中做出贡献的单位和个人，给予奖励。

第九条　国务院农业、林业、水利等部门（以下统称农业技术推广部门）按照各自的职责，负责全国范围内有关的农业技术推广工作。县级以上地方各级人民政府农业技术推广部门在同级人民政府的领导下，按照各自的职责，负责本行政区域内有关的农业技术推广工作。同级人民政府科学技术部门对农业技术推广工作进行指导。同级人民政府其他有关部门按照各自的职责，负责农业技术推广的有关工作。

第二章　农业技术推广体系

第十条　农业技术推广，实行国家农业技术推广机构与农业科研单位、有关学校、农民专业合作社、涉农企业、群众性科技组织、农民技术人员等相结合的推广体系。

国家鼓励和支持供销合作社、其他企业事业单位、社会团体以及社会各界的科技人员，开展农业技术推广服务。

第十一条　各级国家农业技术推广机构属于公共服务机构，履行下列公益性职责：

1）各级人民政府确定的关键农业技术的引进、试验、示范；

2）植物病虫害、动物疫病及农业灾害的监测、预报和预防；

3）农产品生产过程中的检验、检测、监测咨询技术服务；

4）农业资源、森林资源、农业生态安全和农业投入品使用的监测服务；

5）水资源管理、防汛抗旱和农田水利建设技术服务；

6）农业公共信息和农业技术宣传教育、培训服务；

7）法律、法规规定的其他职责。

第十二条　根据科学合理、集中力量的原则以及县域农业特色、森林资源、水系和水利设施分布等情况，因地制宜设置县、乡镇或者区域国家农业技术推广机构。

乡镇国家农业技术推广机构，可以实行县级人民政府农业技术推广部门管理为主或者乡镇人民政府管理为主、县级人民政府农业技术推广部门业务指导的体制，具体由省、自治区、直辖市人民政府确定。

第十三条　国家农业技术推广机构的人员编制应当根据所服务区域的种养规模、服务范围和工作任务等合理确定，保证公益性职责的履行。

国家农业技术推广机构的岗位设置应当以专业技术岗位为主。乡镇国家农业技术推广机构的岗位应当全部为专业技术岗位，县级国家农业技术推广机构的专业技术岗位不得低于机构岗位总量的百分之八十，其他国家农业技术推广机构的专业技术岗位不得低于机构岗位总量的百分之七十。

第十四条 国家农业技术推广机构的专业技术人员应当具有相应的专业技术水平，符合岗位职责要求。

国家农业技术推广机构聘用的新进专业技术人员，应当具有大专以上有关专业学历，并通过县级以上人民政府有关部门组织的专业技术水平考核。自治县、民族乡和国家确定的连片特困地区，经省、自治区、直辖市人民政府有关部门批准，可以聘用具有中专有关专业学历的人员或者其他具有相应专业技术水平的人员。

国家鼓励和支持高等学校毕业生和科技人员到基层从事农业技术推广工作。各级人民政府应当采取措施，吸引人才，充实和加强基层农业技术推广队伍。

第十五条 国家鼓励和支持村农业技术服务站点和农民技术人员开展农业技术推广。对农民技术人员协助开展公益性农业技术推广活动，按照规定给予补助。

农民技术人员经考核符合条件的，可以按照有关规定授予相应的技术职称，并发给证书。

国家农业技术推广机构应当加强对村农业技术服务站点和农民技术人员的指导。

村民委员会和村集体经济组织，应当推动、帮助村农业技术服务站点和农民技术人员开展工作。

第十六条 农业科研单位和有关学校应当适应农村经济建设发展的需要，开展农业技术开发和推广工作，加快先进技术在农业生产中的普及应用。

农业科研单位和有关学校应当将其科技人员从事农业技术推广工作的实绩作为工作考核和职称评定的重要内容。

第十七条 国家鼓励农场、林场、牧场、渔场、水利工程管理单位面向社会开展农业技术推广服务。

第十八条 国家鼓励和支持发展农村专业技术协会等群众性科技组织，发挥其在农业技术推广中作用。

第三章 农业技术的推广与应用

第十九条 重大农业技术的推广应当列入国家和地方相关发展规划、计划，由农业技术推广部门会同科学技术等相关部门按照各自的职责，相互配合，组织实施。

第二十条　农业科研单位和有关学校应当把农业生产中需要解决的技术问题列为研究课题，其科研成果可以通过有关农业技术推广单位进行推广或者直接向农业劳动者和农业生产经营组织推广。

国家引导农业科研单位和有关学校开展公益性农业技术推广服务。

第二十一条　向农业劳动者和农业生产经营组织推广的农业技术，必须在推广地区经过试验证明具有先进性、适用性和安全性。

第二十二条　国家鼓励和支持农业劳动者和农业生产经营组织参与农业技术推广。

农业劳动者和农业生产经营组织在生产中应用先进的农业技术，有关部门和单位应当在技术培训、资金、物资和销售等方面给予扶持。

农业劳动者和农业生产经营组织根据自愿的原则应用农业技术，任何单位或者个人不得强迫。

推广农业技术，应当选择有条件的农户、区域或者工程项目，进行应用示范。

第二十三条　县、乡镇国家农业技术推广机构应当组织农业劳动者学习农业科学技术知识，提高其应用农业技术的能力。

教育、人力资源和社会保障、农业、林业、水利、科学技术等部门应当支持农业科研单位、有关学校开展有关农业技术推广的职业技术教育和技术培训，提高农业技术推广人员和农业劳动者的技术素质。

国家鼓励社会力量开展农业技术培训。

第二十四条　各级国家农业技术推广机构应当认真履行本法第十一条规定的公益性职责，向农业劳动者和农业生产经营组织推广农业技术，实行无偿服务。

国家农业技术推广机构以外的单位及科技人员以技术转让、技术服务、技术承包、技术咨询和技术入股等形式提供农业技术的，可以实行有偿服务，其合法收入和植物新品种、农业技术专利等知识产权受法律保护。进行农业技术转让、技术服务、技术承包、技术咨询和技术入股，当事人各方应当订立合同，约定各自的权利和义务。

第二十五条　国家鼓励和支持农民专业合作社、涉农企业，采取多种形式，为农民应用先进农业技术提供有关的技术服务。

（2）《中华人民共和国植物新品种保护条例》摘要

第十三条　申请品种权的植物新品种应当属于国家植物品种保护名录中列举的植物的属或者种。植物品种保护名录由审批机关确定和公布。

第十四条　授予品种权的植物新品种应当具备新颖性。新颖性，是指申请品种权的植物新品种在申请日前该品种繁殖材料未被销售，或者经育种者许可，在中国境内销售该品种繁殖材料未超过1年；在中国境外销售藤本植物、林木、果树和观赏树木品种繁殖材料未超过6年，销售其他植物品种繁殖材料未超过4年。

第十五条　授予品种权的植物新品种应当具备特异性。特异性，是指申请品种权的植物新品种应当明显区别于在递交申请以前已知的植物品种。

第十六条　授予品种权的植物新品种应当具备一致性。一致性，是指申请品种权的植物新品种经过繁殖，除可以预见的变异外，其相关的特征或者特性一致。

第十七条　授予品种权的植物新品种应当具备稳定性。稳定性，是指申请品种权的植物新品种经过反复繁殖后或者在特定繁殖周期结束时，其相关的特征或者特性保持不变。

第十八条　授予品种权的植物新品种应当具备适当的名称，并与相同或者相近的植物属或者种中已知品种的名称相区别。该名称经注册登记后即为该植物新品种的通用名称。

下列名称不得用于品种命名：

1）仅以数字组成的；

2）违反社会公德的；

3）对植物新品种的特征、特性或者育种者的身份等容易引起误解的。

（3）《农药安全使用规范》（NY/T1276—2007）摘要

① 农药选择

按照国家政策和有关法规规定选择：应按照农药产品登记的防治对象和安全使用间隔期选择农药。严禁选用国家禁止生产、使用的农药;选择限用的农药应按照有关规定；不得选择剧毒、高毒农药用于蔬菜、茶叶、果树、中药材等作物和防治卫生害虫。

根据防治对象选择：施药前应调查病、虫、草和其他有害生物发生情况，对不能识别和不能确定的，应查阅相关资料或咨询有关专家，明确防治对象并获得指导性防治意见后，根据防治对象选择合适的农药品种。病、虫、草和其他有害生物单一发生时，应选择对防治对象专一性强的农药品种；混合发生时，应选择对防治对象有效的农药。在一个防治季节应选择不同作用机理的农药品种交替使用。

根据农作物和生态环境安全要求选择：应选择对处理作物、周边作物和后茬作物安全的农药品种。应选择对天敌和其他有益生物安全的农药品种。应选择对生态环境安全的农药品种。

② 农药配制

✧　量取方法：准确核定施药面积，根据农药标签推荐的农药使用剂量或植保技术人员的推荐，计算用药量和施药液量。准确量取农药，量具专用。

✧ 安全操作：量取和称量农药应在避风处操作。所有称量器具在使用后都要清洗，冲洗后的废液应在远离居所、水源和作物的地点妥善处理。用于量取农药的器皿不得作其他用途。在量取农药后，封闭原农药包装并将其安全贮存。农药在使用前应始终保存在其原包装中。

✧ 农药配制场所：应选择在远离水源、居所、畜牧栏等场所。

✧ 农药配制时间：应现用现配，不宜久置；短时存放时，应密封并安排专人保管。

✧ 农药配制操作：应根据不同的施药方法和防治对象、作物种类和生长时期确定施药液量。应选择没有杂质的清水配制农药，不应用配制农药的器具直接取水，药液不应超过额定容量。应根据农药剂型，按照农药标签推荐的方法配制农药。

评价

评价模块	评价内容与标准	得分
理论知识（50%）	复述植保无人飞机的概念与常用类型（10分）	
	复述植保无人飞机的优点（10分）	
	熟知植保无人飞机的常见应用领域（15分）	
	掌握农药选择与药液调配相关规范要求（15分）	
实际操作（40%）	根据自己了解的情况，针对植保无人飞机应用举一个熟悉的案例（15分）	
	搜集、整理、总结和应用相关法规条文信息资料（10分）	
	掌握低空空域申请的基本方法（15分）	
职业素养（10%）	具有持证上岗、时刻关注新出台的法律法规的法律意识（5分）	
	具有植保无人飞机相关法律法规知识，以及不在禁飞区飞行的法律意识（5分）	
合　计		

单元总结

本单元学习的重点是了解和熟悉植保无人飞机的概念与类型，了解植保无人飞机的优点，熟悉植保无人飞机的应用领域；掌握农药选择与药液调配相关规范要求。通过学习植保无人飞机分类、特点与应用，认识和了解到植保无人飞机的基本知识，初步认识植保无人飞机。

通过学习植保相关的法律法规，培养搜集、整理、总结和应用相关法规条文资料的能力。本单元思维导图如图1-12所示。

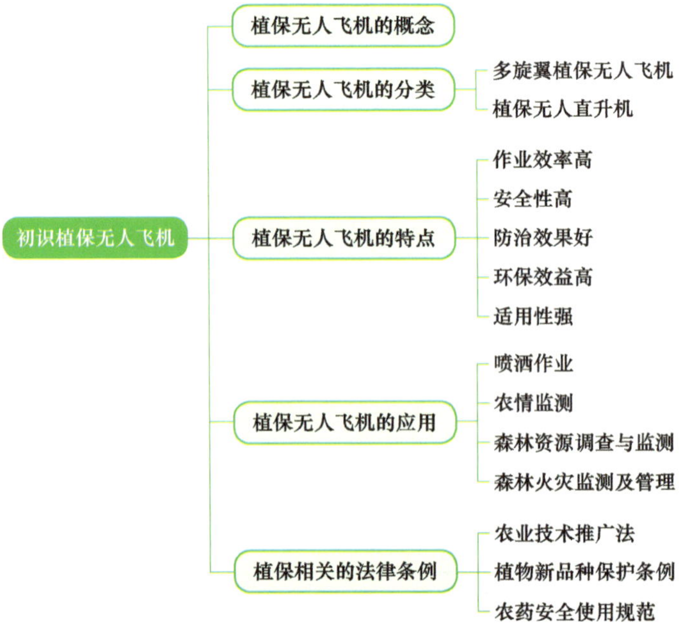

图1-12　思维导图

Unit 2

单元 2 植保无人飞机系统组成与原理

单元概述

1. 职业技能等级证书技能要求

植保无人飞机应用职业技能等级标准理论知识储备部分，见表2-1。

表2-1 职业技能等级标准理论知识储备部分

工作任务	职业技能要求
植保无人飞机系统组成	◆ 熟悉植保无人飞机系统的组成和功用 ◆ 熟悉导航飞控设备的相关知识
多旋翼无人飞机飞行原理	◆ 了解多旋翼无人飞机的飞行基本理论 ◆ 熟悉翼型的几何参数与动力系数 ◆ 熟悉多旋翼无人飞机的工作原理

2. 知识引入

植保无人飞机是指用于农林植物保护作业的无人驾驶飞机，由飞行平台与喷洒系统组成，通过地面人员遥控或飞控自主作业来实现植保作业，可以完成农药喷雾作业、叶面肥喷雾作业、促进授粉作业等。民用无人飞机的设计、生产和应用都必须遵循科学技术的基本定律，并从不断探索的实践中总结出一套严谨的理论体系。

本单元包含植保无人飞机系统组成和多旋翼无人飞机飞行原理两部分内容，主要介绍植保无人飞机的系统组成部件及其功用，多旋翼无人飞机飞行基本原理、基本概念、基础知识等方面的内容。

2.1 植保无人飞机系统组成

我国作为农业大国，每年需要大量的人员从事农业植保作业。国内植保作业无人飞机发展迅猛，特别是多旋翼电动植保无人飞机，具有智能化程度高、每亩作业成本相对低、作业效率高、省水省药、人药分开、机械性能可靠、容易维护、安全环保等优势。目前，我国以电动多旋翼植保无人飞机为主，本书主要针对电动多旋翼植保无人飞机进行讲解。要想深入学习和掌握多旋翼植保无人飞机关键技术要点，首先需要了解多旋翼植保无人飞机的系统组成。本节详细介绍植保无人飞机的机身结构、动力系统、导航飞控系统、链路系统、喷洒系统等子系统的组成与功用、相关部件的标称与性能参数。

学习目标

1. 知识目标

1）了解机臂、电机安装座、主机身、脚架等机架构成。

2）掌握植保无人飞机动力电池的几种性能参数。

3）掌握动力系统基本构成与工作原理。

4）掌握电池、电机、电调、螺旋桨等主要部件的关键参数。

5）掌握无人飞机飞控系统的构成与工作原理。

6）掌握多旋翼植保无人飞机的几种数据链路。

7）了解植保无人飞机药箱、水泵、管路、喷头等喷洒系统组成。

2. 能力目标

1）能够完成无人飞机动力系统组成相关的计算。

2）会画无刷电调的输出电源线、信号输入线等的接线图。

3）能够明确说出无人飞机导航飞控系统的逻辑连接与功能。

1. 植保无人飞机的机身结构

多旋翼植保无人飞机由多旋翼飞行平台与喷洒系统组成，喷洒系统是进行植保作业的具体实施系统，如图2-1所示。多旋翼飞行平台的动力系统、导航飞控系统、链路系统，共同实现多旋翼无人飞机的各种功能，其中飞控系统是整个无人飞机系统的核心，能够实现无人飞机的稳定悬停、飞行等功能；动力系统为多旋翼无人飞机提供运动动力，是整个无人飞机的动力核心；链路系统则保障地面设备与无人飞机之间的远程通信与控制。喷洒系统由药箱、水泵、滤网、水管、喷头等组成。

图2-1　六旋翼植保（喷洒）无人飞机

多旋翼无人飞机的机身一般称为机架。机架是多旋翼无人飞机的主体结构，是承载所有设备的基础平台。因此，多旋翼机架的好坏很大程度上决定了多旋翼性能的优劣。机架的主要作用是提供安装接口，包括电机、机舱、起落架、外挂设备等的安装和固定孔口。提供稳定坚固的平台，使无人飞机在受力作用下保持稳定并避免损伤，并在满足强度要求的前提下，尽可能减轻重量，为提升飞机性能和增加其他设备提供更大的余量。机架虽然不是多旋翼无人飞机的核心部件，但机架的质量对飞机的整体质量具有至关重要的意义。品质优良的机架不仅重量轻、强度好、可靠性高、使用寿命长，而且具有较好的稳定性基础，有效载重和飞行时间都会优于一般的机架。机架主要由机臂、电机安装座、主机身、脚架等构成，如图2-2所示。

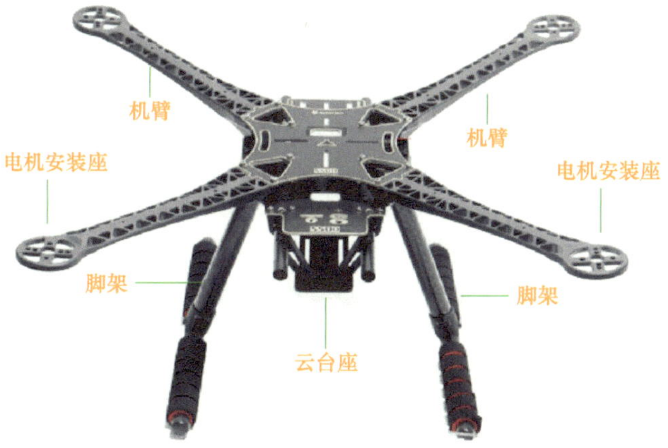

图2-2　四旋翼植保无人飞机机身结构

（1）机臂

机臂是无人飞机主体与电机座的连接部件，支撑着电机和螺旋桨，是受力最大最复杂的结构，决定飞机的强度和振动。对于多旋翼无人飞机来说，轴数越多，其机臂也相应地越多。一些Y形结构的多旋翼无人飞机的机臂分大臂和小臂。六旋翼植保无人飞机机臂如图2-3所示。

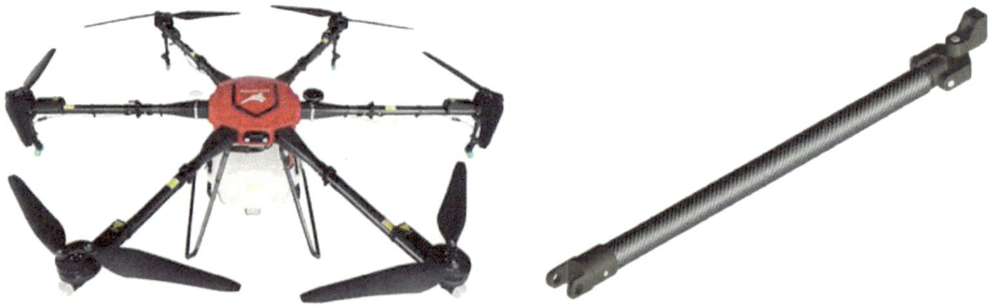

图2-3　六旋翼植保无人飞机机臂

（2）电机座

电机座是固定电机的结构，每个机臂末端都会有相应的电机座，如图2-4所示。利用螺钉把电机固定在上面，一般是与机臂制作成一体。如果机臂与电机座材料不同，需要使用独立的电机座。

图2-4　植保无人飞机电机座

（3）主机身

主机身是所有机臂安装的初始处，也是飞控设备等其他电子设备的安装平台。

（4）脚架

绝大部分的多旋翼无人飞机都有脚架，脚架能在降落时起到缓冲作用，保护电池、电机和飞控等设备。脚架的主要作用在于支持机身重量，提高桨叶离地距离，方便多旋翼无人飞机起降，并能消耗和吸收多旋翼无人飞机在着陆时的撞击能量。脚架如图2-5所示。

（5）机身材料

多旋翼植保无人飞机机身材料主要包括塑胶、玻璃纤维及碳纤维。塑胶机架的刚度和强度较差，但制作容易、价格低廉，适用于消费类无人飞机。玻璃纤维机架的强度优于塑胶机架，耐腐蚀性较好，但刚性一般，受力较大时易变形。碳纤维是一种含碳量在95%以上的高强度、高模量纤维的新型纤维材料，是多旋翼植保无人飞机的主要机身材料，它是由片状石墨微晶等有机纤维沿纤维轴向堆砌而成，经碳化及石墨化处理而得到的微晶石墨材料。碳纤维机架的重量轻、刚度和强度好、经久耐用，具有耐腐蚀、高模量的特性，如图2-6所示。

图2-5　植保无人飞机脚架

图2-6　碳纤维机身

（6）机架轴距

轴距是指多旋翼两个呈对角线分布的电机轴心之间的距离，一般单位为毫米（mm），用于表示机架的大小，如图2-7所示。植保无人飞机常见的机架轴距有800mm、1000mm、1520mm等。轴距决定了能使用螺旋桨的最大长度，轴距越大，可以使用的螺旋桨长度就越大。

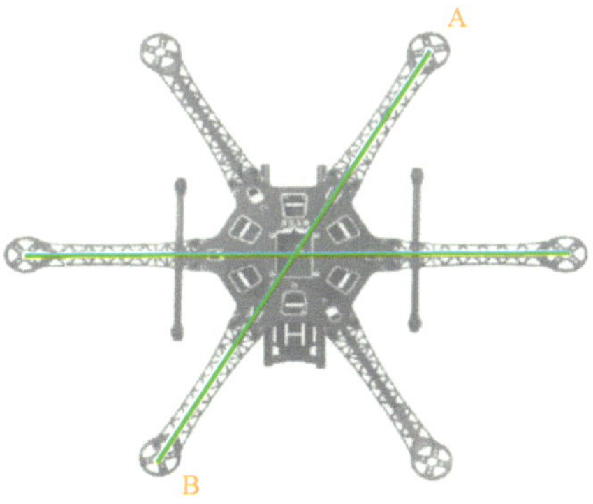

图2-7　多旋翼无人飞机轴距

2. 植保无人飞机的动力系统

目前，出于成本和使用方便的考虑，微型民用无人飞机中普遍使用的是电动动力系统，其主要由动力电池、动力电机、电子调速器三部分组成，如图2-8所示。

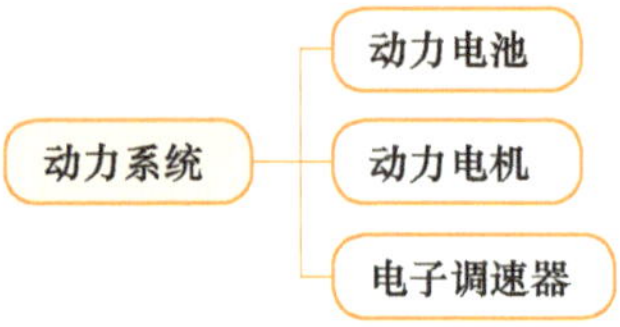

图2-8 电动动力系统组成

（1）动力电池

动力电池主要为动力电机的运转提供电能，通常采用化学电池。目前多数使用锂离子动力电池和锂聚合物电池。

锂离子动力电池是20世纪70年代进入实用化的，它具有以下优点：

1）相对电压高：是镍镉电池、镍氢电池的3倍，更适合作动力电池。

2）重量轻、体积小：重量是相同能量的铅酸电池的1/3到1/4。

3）使用寿命长：循环使用次数可达1000～3000次，使用年限可达5～8年。

4）工作温度范围宽：锂离子动力电池可在-40～55℃工作。

5）无记忆效应：可以随时随地进行充电，电池充放电深度对电池的寿命影响不大。

6）无污染：不存在有毒物质，因此被称为“绿色电池”。

但是，相同电压和容量的锂离子动力电池的价格是铅酸电池的3～4倍，其使用的液体或胶体电解液存在发生泄漏的安全隐患。

锂聚合物电池（LiPo）的聚合物锂离子工艺中没有多余的电解液，因此更稳定，也不易因电池的过量充电、碰撞而造成危险。相比锂离子电池，改善了电池漏液问题，安全性更高，比同样体积的锂离子电池，放电量能够高出10%。锂聚合物电池具有能量高、更小型化、超薄化、轻量化、高安全性等多种明显优势，是小微型无人飞机主要使用的电池，如图2-9所示。

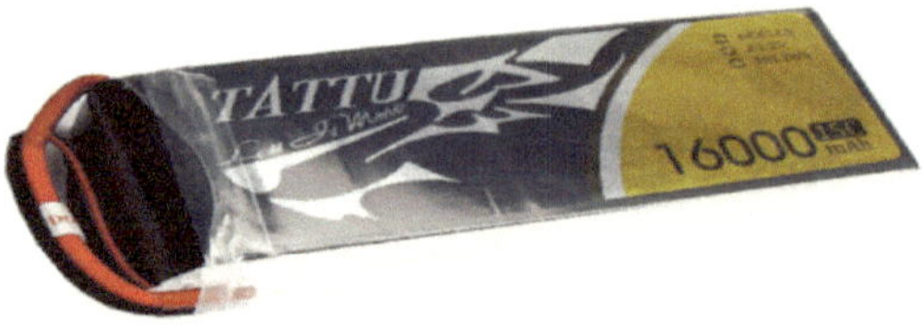

图2-9 锂聚合物电池

电池性能标称：电压、容量和放电能力是无人飞机动力电池非常重要的性能参数。电池的电压用伏特（V）来表示，标称电压是厂家按照国家标准标示的电压。实际上，电池在使用过程中其电压是不断变化的。锂聚合物电池的标称电压是3.7V，充电后满电电压可达4.2V，放电后的保护电压为3.6V。在实际使用过程中，电池的电压会下降，这和电池所带动的负载有关，也就是说电池所带的负载越大，电流越大，电池的电压就越低，在去掉负载后，电池的电压还可恢复到定值。锂聚合物电池放电曲线图如图2-10所示。

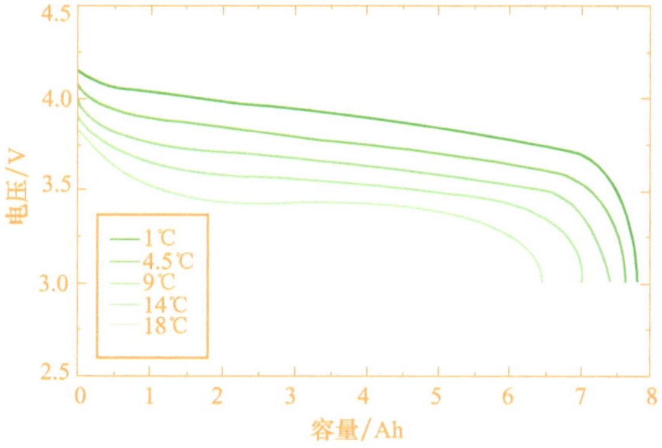

图2-10　锂聚合物电池放电曲线图

由放电曲线图可知：锂聚合物电池的放电倍率越大，电池放电电压下降得越快；放电倍率越小，则反之。电压在低于3.0V之后，电池电量会迅速耗尽。

在实际使用中，4.2V的电压不够维持无人飞机运转，需要将多节锂聚合物电池串联起来提高电压。一般，串联用英文字母“S”表示，即英文单词串联“Series”的第一个字母；并联用英文字母“P”表示，即英文单词并联“Parallel”的第一个字母。如只有1节锂聚合物电池称为1S电池，由几节锂聚合物电池串联起来的电池称为几S。串联电压加倍，容量不变；而并联则容量加倍，电压不变。串联电池能够增加电压，3S是单片电池的3倍电压，6S是单片电池的6倍电压。并联电池能够增加电池容量，2P是两片电池并联，其容量是单片电池的2倍容量。而6S2P电池则是6片串联后2片并联，一共12片电芯。动力电池的电压越高，驱动动力越强。一般，多旋翼无人飞机使用的通常是3S、4S、6S电池。无人飞机电池并联与串联示意图如图2-11所示。

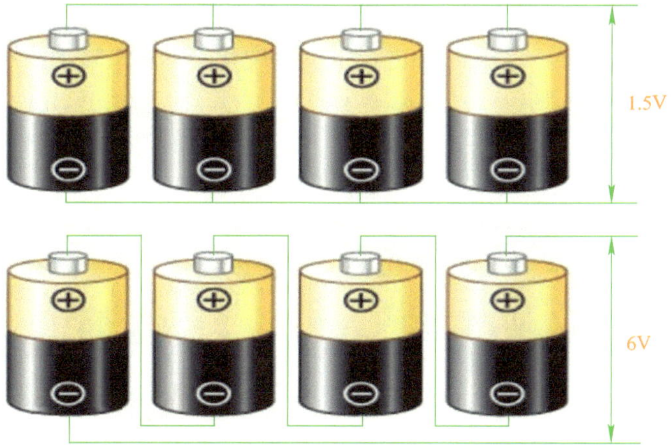

图2-11　无人飞机电池并联与串联示意图

电池的容量是用mAh来表示的，它的意思是电池以某个电流来放电能维持1h。例如，

1000mAh就是这个电池能保持1000mA（1A）放电1h。但电池的放电并非是线性的，所以不能说这个电池在500mA时能维持2h。不过电池在小电流时的放电时间总是大于大电流时的放电时间，所以可近似计算电池在其他电流情况下的放电时间。一般，电池的体积越大，其储存的电量就越多，无人飞机的重量也会增加，所以选择合适的电池对飞行是很有必要的。

电池的放电能力以倍率（C）表示，即按照电池的标称容量，最大可达到的放电电流。例如，1000mAh、5C的电池，其最大放电电流可达5A，如图2-12所示。

图2-12　无人飞机电池的性能参数

电池是旋翼无人飞机的动力来源，电池的性能很大程度上决定了旋翼无人飞机的飞行性能，也是当前旋翼无人飞机发展的主要技术瓶颈。电池的重量在旋翼无人飞机的全重中占有很大的比例，然而旋翼无人飞机的电池容量大，重量就重；电池的重量轻，则容量就小，这是一对难以解决的矛盾。

（2）动力电机

无人飞机常用动力电机可分为有刷电机和无刷电机两种。

有刷电机采用机械换向，磁极不动（定子），线圈旋转（转子）。电机工作时，线圈和换向器旋转，磁钢和电刷不转，线圈电流方向的交替变化是随电机转动的换向器和电刷来完成的，如图2-13所示。

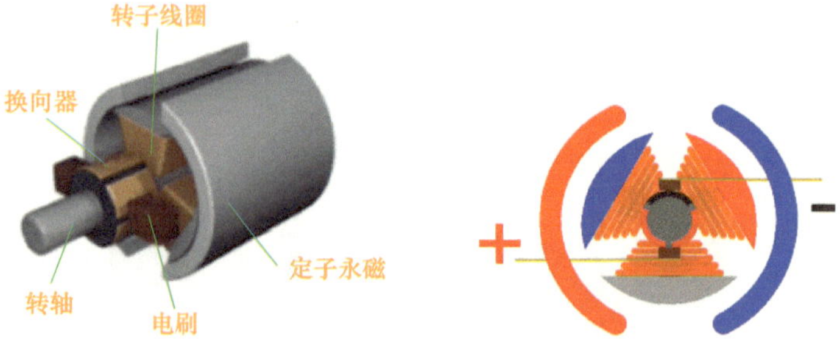

图2-13　有刷电机

有刷电机的优点是造价低、转矩大、结构简单、容易维护，其主要用于速度较慢或对振动不敏感的车模和船模上。摩擦大、损耗大是有刷电机最大的问题。有刷电机的可靠性差、故障多，在使用一段时间后，需要进行一次费时费力的清理工作才能继续使用。而且由于有刷电机的结构，使电刷和换向器的接触电阻很大，电阻大了就容易发热，而过高的热量会导致电机性能下降，从而导致使用寿命缩短。有刷电机的输出功率小，效率也不高。

无刷电机采取电子换向，线圈不动，磁极旋转。无刷电机通过霍尔元件感知永磁体磁极的位置，根据这种感知，使用电子线路适时切换线圈中电流的方向，保证产生正确方向的磁力，来驱动电机转子旋转，如图2-14所示。

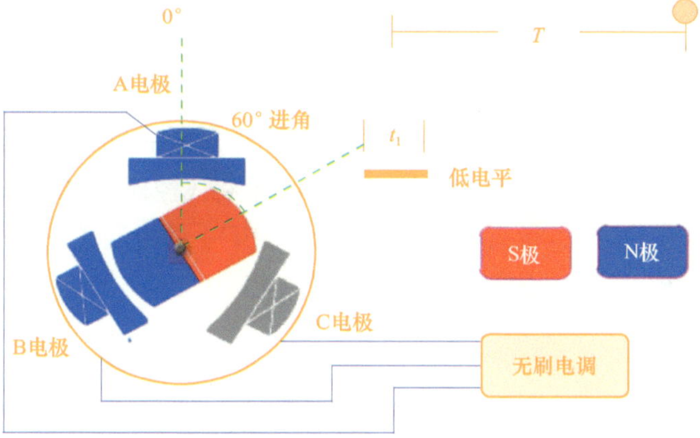

图2-14　无刷电机

电机的型号主要以尺寸为命名依据。比如，2212电机、2018电机等。不管什么品牌的电机，具体都要对应4位数字，其中前面2位是电机转子的直径，后面2位是电机转子的高度，如图2-15所示。

电机的转速一般用KV值来表示。KV值是无人飞机动力电机一个最重要的参数，是指电机在空载状态下，提高单位电压时所能提高的电机转速，或者可以简单理解为空载状态下电机转速和电压的比值。电机KV值表示如图2-16所示。

电机的转速（空载）= KV值 × 电压

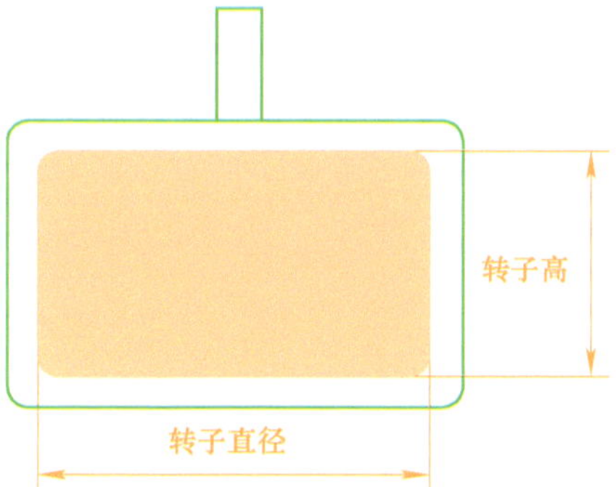

图2-15　电机转子直径与高

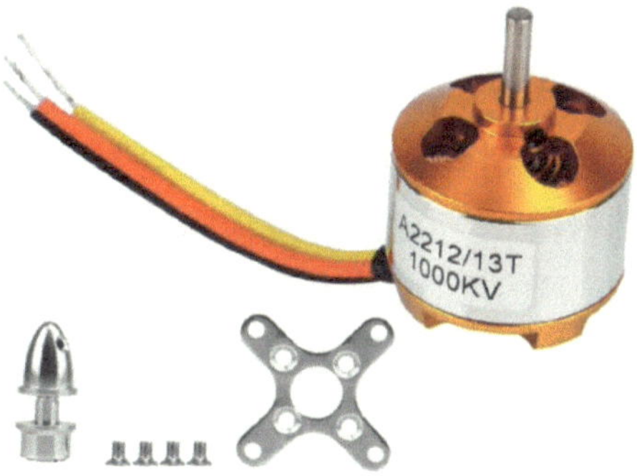

图2-16　动力电机上标识的KV值

例如，10V电压下电机的空载转速是1000转/分钟，那么电机的KV值就是100。2212-850KV电机在10V电压下的转速就是850×10 = 8500转/分钟。KV值可以认为是电机综合性能的一个缩影，在电机上会作为基本参数标出。绕线匝数多的KV值低，最高输出电流小，但转矩大。绕线匝数少的KV值高，最高输出电流大，但转矩小。KV值越小，同等电压下转速越低，转矩越大，可带更大的桨。KV值越大，同等电压下转速越高，转矩越小，只能带小桨。相对来说KV值越小，效率就越高。

无人飞机使用电机作为动力，具有其他动力装置无法比拟的优点，如结构简单、重量轻、使用方便，同时又能提供与内燃机不相上下的比功率，尤其适合作为低空、低速、微型无人飞机的动力。

（3）调速系统

动力电机的调速系统称为电调，全称是电子调速器（Electronic Speed Controller，ESC），如图2-17所示。电调的作用是将飞控板的控制信号转变为电流的大小，以控制电机的转速。同时，带有电源输出功能（BEC）的电调还充当电压变化器的作用，可将11.1V的电压转变成5V，为飞控板和接收机供电。

图2-17　电子调速器

针对搭配使用的动力电机不同，电调可分为有刷电调和无刷电调。

有刷电调是用来控制有刷电机转速的设备，有刷电调往往只有4根线，2根是输入电源端，接到正负极，另外2根则是控制电机转速的输出端，接到电机的两个电极上。通过改变电流/电压以及传导方向就可以实现对转速以及正反的控制。

电调是动力系统的重要组成部分，多旋翼无人飞机使用的无刷电机必须通过无刷电调的驱动才能运转。无刷电调的标称通常是：品牌+输出能力，例如，好盈40A。无刷电调在结构上由输入部分电源线、电调主体、输出部分电源线、信号输入线、连接件等构成，如图2-18所示。

无刷电调的输入端由电源线与插头共同构成，插头是飞机与电池的连接件，而输入线则是可以通过较大电流的硅胶线，如图2-19所示。硅胶高温线具有优良的耐高温及耐低温性能，具有优良的耐高压、耐酸碱性能，其内部是由多根0.08mm细铜丝组成，具有良好的过大电流能力。信号输入线由三根导线构成，与飞控或接收机相连。无刷电调输出端的三根线，连接电机。无刷电调的几个参数如下：

1）持续电流是电调可以持续工作的电流，超过该电流可能导致电调过热烧毁。例如，电调持续工作电流为20A，那么该电调就必须工作在20A以内。

2）工作电压是电调的正常工作电压区间，例如，某40A电调使用电压为2～6S，则其电压区间为7.4~22.2V。电调的使用电压必须在指定范围内，否则将不能正常工作。

3）电调信号的刷新频率决定了电调的相应速度。电调信号刷新频率一般为30~499Hz，多旋翼无人飞机宜选用高频率的电调，更高的信号频率可以使无人飞机响应速度更快。

4）无刷电调对电机进行控制，都是以PWM占空比方式来调速，而PWM频率就是PWM信号频率。

图2-18　某品牌防水型有刷电调

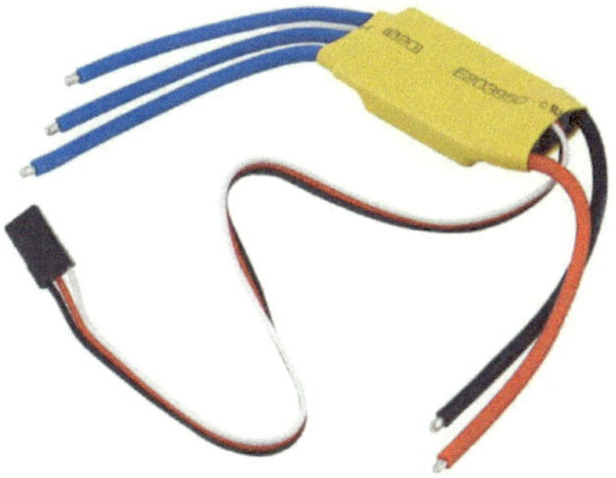

图2-19　无刷电调

（4）螺旋桨

螺旋桨是指靠桨叶在空气中旋转，将发动机转动功率转化为推进力的装置，是整个动力系统的最终执行部件。螺旋桨性能的优劣对无人飞机的飞行效率将产生十分重要的影响，直接影响到无人飞机的续航时间。螺旋桨由桨根、叶柄、桨毂、桨尖构成，螺旋桨的前缘比较平直，后缘略有坡度，如图2-20所示。

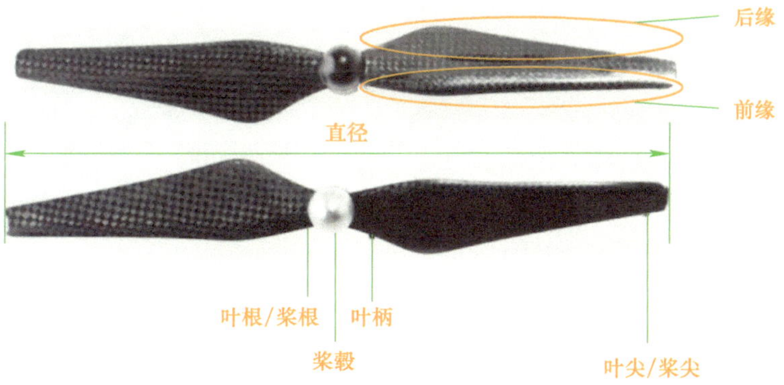

图2-20　无人飞机螺旋桨

多旋翼无人飞机螺旋桨的标称由品牌+4位规格构成。4位规格数字的前2位数表示直径，后2位数字表示螺距。以XX1060桨为例，10表示桨的直径是10in（1in = 25.4mm），60表示螺距为6.0in（即152.4mm）。例如，DJI1555螺旋桨的直径是15in，螺距为5.5in（139.7mm）。

直径是螺旋桨的两个桨尖之间的距离，就是长度，单位是英寸。

螺距是螺旋桨（桨叶剖面迎角为零时）旋转一周在轴向移动的距离。因为桨叶不是直的，所以各个点移动的距离不相等，通常取3/4直径处的距离作为螺距。螺距的单位是英寸。一般，同一转速的螺旋桨，螺距越大，飞行速度越快，如图2-21所示。

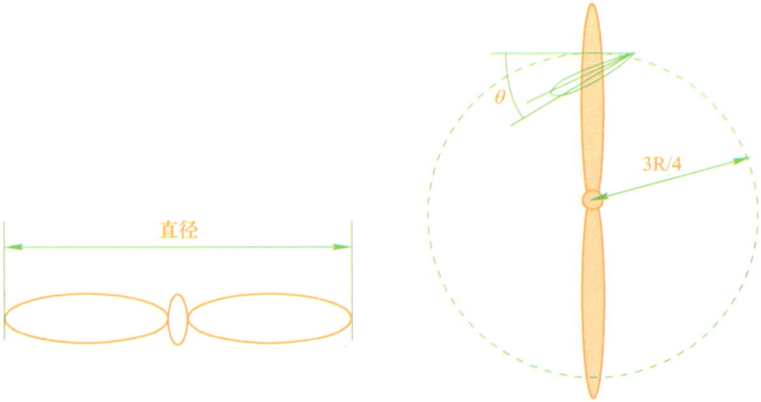

图2-21　无人飞机两叶桨的直径与螺距示意图

螺旋桨有几个桨叶就是几叶桨，植保无人飞机常用的是两叶桨。桨毂是各个桨叶安装结合的部位，位于螺旋桨末端，多为圆锥或圆台形。

无人飞机螺旋桨的材质有塑料桨、木桨、碳纤维桨等，如图2-22所示。无人飞机螺旋桨要求材料有高强度、高韧性、高流动，一般采用合金、复合材料或者高性能的工程塑料。碳纤维又轻又硬，振动和噪声很小，是多旋翼无人飞机螺旋桨最好的材料。

图2-22　无人飞机螺旋桨的材质

对于多旋翼无人飞机螺旋桨的旋转方向，逆时针旋转的为正桨，顺时针旋转的为反桨。一般，购买的桨叶上刻有螺旋桨型号规格字样，如10X5.5MR或10X5.5MRP，此处带P字的螺旋桨是反桨。螺旋桨的生产厂家不同，表达正桨反桨的方式也不同，有些是以CCW（正桨）和CW（反桨）区分。正桨和反桨不可混用，一旦安装错误，将会导致无人飞机无法正常飞行，如图2-23所示。

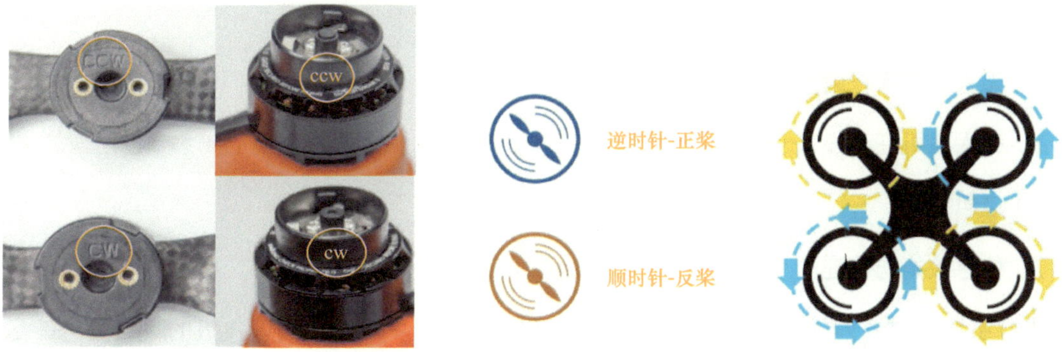

图2-23　无人飞机螺旋桨的正桨与反桨标识

3. 植保无人飞机的导航飞控系统

导航飞控系统是无人飞机的关键核心系统之一。按具体功能又可划分为导航子系统和飞控子系统两部分，如图2-24所示。

导航子系统功能是向无人飞机提供相对于所选定的参考坐标系的位置、速度、飞行姿态，引导无人飞机沿指定航线安全、准时、准确地飞行。完善的无人飞机导航子系统具有以下功能：

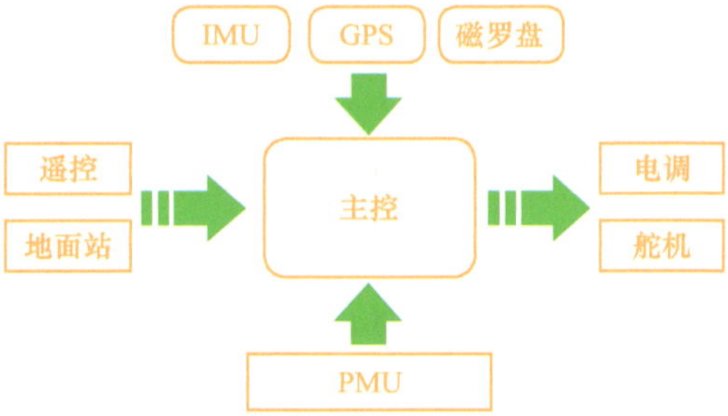

图2-24　多旋翼无人飞机飞控系统组成

1）获得必要的导航要素：高度、速度、姿态、航向。

2）给出满足精度要求的定位信息：经度、纬度。

3）引导飞机按规定计划飞行。

4）按照预定的接收任务航线计划进行安装，动态管理任务航线的执行。

5）接收控制站的导航模式控制指令并执行，具有指令导航模式与预定航线飞行模式相互切换的功能。

6）具有接收并融合无人飞机其他设备的辅助导航定位信息的能力。

7）配合其他系统完成各种任务。

飞控子系统是无人飞机完成起飞、空中飞行、执行任务、返场回收等整个飞行过程的核心系统，对无人飞机实现全权控制与管理。飞控子系统主要具有如下功能：

1）无人飞机姿态稳定与控制。

2）与导航子系统协调完成航迹控制。

3）无人飞机起飞（发射）与着陆（回收）控制。

4）无人飞机飞行管理。

5）无人飞机任务设备管理与控制。

6）应急控制。

7）信息收集与传递。

飞控系统通过高效的控制算法内核，能够精准地感应并计算出无人飞机的飞行姿态等数据，再通过主控制单元实现精准定位悬停和自主平稳飞行。飞控系统硬件包括传感器、飞控计算机、执行机构等设备。

（1）传感器

常用的传感器包括角速率传感器、姿态传感器、位置传感器、加速度传感器、高度传感器及空速传感器等，这些传感器构成无人飞机导航飞控系统设计的基础。

角速率传感器是飞行控制系统的基本传感器之一，感受无人飞机绕机体轴的转动角速率，以构成角速率反馈，改善系统的阻尼特性，提高稳定性。

陀螺仪传感器是一个简单易用的基于自由空间移动和手势的定位控制系统。陀螺仪的原理就是，一个旋转物体的旋转轴所指的方向在不受外力影响时是不会改变的。根据该原理，利用多种方法读取轴所指示的方向，并自动将数据信号传给控制系统。MPU—6050的陀螺仪芯片，如图2-25所示。

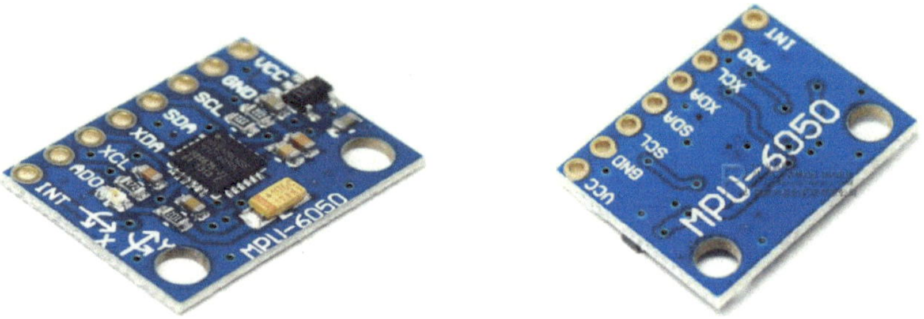

图2-25　MPU—6050的陀螺仪芯片

姿态传感器用于感受无人飞机的俯仰、滚转、航向角度，用于实现姿态稳定与航向控制功能。应安装在重心附近，振动尽可能小，安装精度高。

磁罗盘也叫磁力计，用于测试磁场强度和方向、定位设备的方位。磁力计的原理与指南针类似，可以测量出当前设备与东南西北四个方向的夹角。

位置传感器是用于感受无人飞机的位置，是飞行轨迹控制的必要前提，包括惯性导航设备、GPS卫星导航接收机、磁航向传感器。

（2）主控单元

主控单元是整个飞控系统的核心，通过它将IMU、GNSS指南针、遥控接收机等设备接入飞控系统，从而实现无人飞机的所有功能。主控单元能通过USB接口，进行飞行参数的调节和系统的固件升级。NAZA多旋翼飞控如图2-26所示。

（3）IMU（惯性测量单元）

IMU（惯性测量单元）是测量物体三轴姿态角以及加速度的装置，包含3轴加速度计、3轴角速度计和气压高度计，是高精度感应飞行器姿态、角度、速度和高度的元器件集合体，在飞行辅助功能中充当极其重要的角色，如图2-27所示。GPS指南针模块包含GPS模块和指南针模块，用于精确确定飞机的方向及经纬度等位置信息，对于失控保护自动返航、精准定位悬停等功能的实现至关重要。

图2-26　NAZA多旋翼飞控

图2-27　IMU（惯性测量单元）

（4）LED指示灯模块

LED指示灯模块用于实时显示飞行状态，是飞行过程中必不可少的显示设备，它能帮助飞手实时了解无人飞机的各项状态。例如，在大疆植保无人飞机MG-1的LED显示方法中，黄灯快闪表示电量报警，黄绿灯快闪表示磁罗盘异常，通过LED颜色和闪烁频率的变化可以显示非常丰富的信息。LED目前主要通过颜色、快慢频率、显示的次数等对各种状态进行表达。LED指示灯模块，如图2-28所示。

图2-28　LED指示灯

4．植保无人飞机的链路系统

无人飞机链路系统是指用于多旋翼无人飞机系统传输控制和载荷通信的无线电链路，是无人飞机与地面操纵人员之间沟通的桥梁。通信链路的主要构成包括地面端与天空端。地面端需要将控制信号以及任务指令发送到无人飞机（天空端），无人飞机则须将无人飞机的状态以及任务设备的状态发送到地面端。

无人飞机数据链路按照传输方向可以分为上行链路和下行链路，如图2-29所示。上行链路主要完成地面站到无人飞机遥控指令的发送和接收，下行链路主要完成无人飞机到地面站的遥测数据（飞行控制）以及视频图像（图传）的发送和接收，并根据定位信息的传输利用上下行链路进行测距，数据链路性能直接影响到无人飞机性能的优劣。多旋翼植保无人飞机地面操作人员不仅需要控制无人飞机，还需要了解无人飞机的飞行状态以及无人飞机任务设备的状态，这就要求地面端能够接收天空端的数据，这类无人飞机需要上行链路和下行链路2条数据链路。

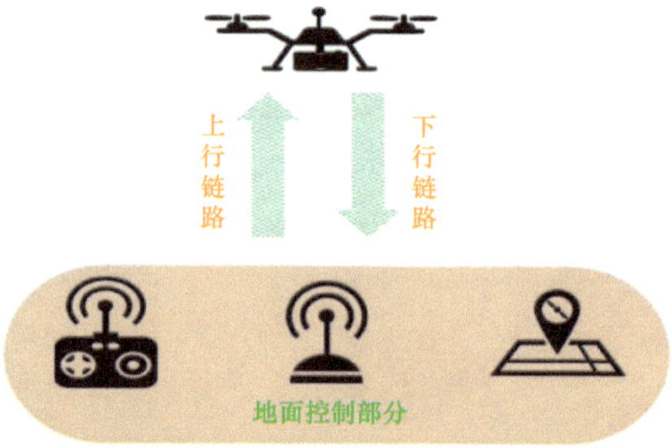

图2-29　无人飞机链路系统

数传又叫电台，是用于飞控和地面站之间数据传输的超视距链路设备。数传是由发送端、接收端设备构成。与地面站相连接的叫地面端，与无人飞机相连接的叫天空端，天空端较小、较轻，而地面端较大，如图2-30所示。

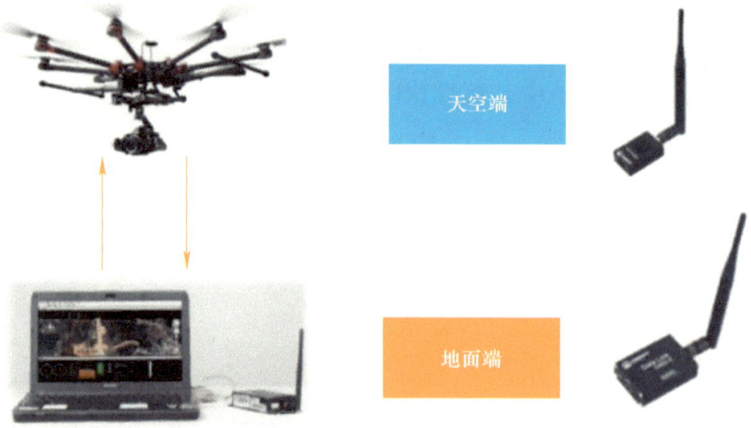

图2-30　数传设备的地面端与天空端

民用无人飞机通信链路的地面终端硬件一般会被集成到控制站系统中，称作地面电台，部分地面终端会有独立的显示控制界面。视距内通信链路地面天线采用鞭状天线、八木天线和自跟踪抛物面天线，需要进行超视距通信的控制站还会采用固定卫星通信天线。

5. 植保无人飞机的喷洒系统

传统农业作物喷药方法存在施药器械落后，农药浪费流失严重，防治效果差，反复用药，农药残留超标严重，施药者与农药直接接触，生产性中毒事件时常发生，人工成本持续增高等一系列问题。多旋翼植保无人飞机作业效率是人工作业的30倍以上，在确保人员安全的同时大大提高了作业效率。

常见的多旋翼植保无人飞机农药喷洒系统由药箱、水泵、管路、喷头共同构成，如图2-31所示。药箱是盛装药液的容器设备，水泵负责将药液由药箱传达至喷头，喷头则负责将药液进行雾化。目前，植保无人飞机雾滴产生方式主要分为液力雾化和离心雾化2种。

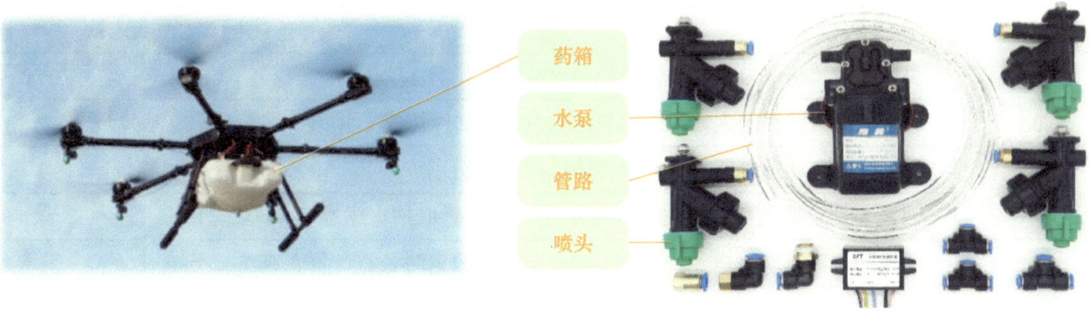

图2-31 植保无人飞机农药喷洒系统

（1）液力雾化系统

液力雾化是目前人工喷雾以及多旋翼植保无人飞机喷雾最为常见的方式，其原理是药液在外力的推动下，通过一个小开口或孔口，进而具有足够速度与能量而扩散。在雾化过程中，雾滴的平均直径随压力的增加而减少，而随喷头喷孔尺寸的增大而增大。在实际应用中，雾滴的大小对农药沉积利用非常重要，它们将由在一定工作条件下使用的喷头和雾化参数决定。

液力雾化方式的喷头被称为压力式喷头，如图2-32所示。植保无人飞机使用压力式喷头的优势主要在于系统简单、寿命长、使用成本低、穿透力强、漂移量小。但存在液滴大小不均匀、喷头容易堵塞等缺点，所以只适合喷洒水基化药剂。

图2-32 压力式喷头与离心喷头

（2）离心雾化系统

离心雾化是将均匀分布到雾化边缘的药液，在一定转速下（8000～10 000转/分）高速旋转产生离心力，并在离心力的作用下飞离雾化装置边缘，再经空气的摩擦与剪切作用分散成均匀的细小雾滴的过程。离心雾化产生的雾滴又细又均匀，是低容量、超低容量与静电雾化经常采用的雾化方式。

离心雾化在性能上的优点是雾滴直径较均匀，可适用的农药剂型广泛，不易产生喷头堵塞问题，但其结构复杂、使用寿命短、成本相对高、下压气流效果弱于压力式喷头。

评价

评价模块	评价内容与标准	得分
理论知识（50%）	复述多旋翼植保无人飞机包括哪些分系统（10分）	
	复述多旋翼植保无人飞机的机身结构由哪些部件构成（10分）	
	复述锂离子动力电池的优点与性能标称（15分）	
	锂聚合物电池的标称电压、满电电压、放电后保护电压是多少（15分）	
实际操作（40%）	植保无人飞机动力电池的容量、放电电流、放电时长等计算正确（15分）	
	无刷电调的输出电源线、信号输入线等接线图的绘制正确（15分）	
	无人飞机导航飞控系统的逻辑连接图绘制正确（10分）	
职业素养（10%）	认真负责，具有严谨认真的工匠态度（5分）	
	致敬规则，具有守序严谨的职业精神（5分）	
合　计		

2.2 多旋翼无人飞机飞行原理

多旋翼无人飞机与固定翼无人飞机相比，不仅在外形上，而且在飞行原理上都有所不同。一般来讲多旋翼无人飞机没有固定的机翼和尾翼，主要靠旋翼产生气动力。这里所说的气动力既包括使机体的悬停和升力，也包括使机体向前后左右各个方向运动的驱动力。多旋翼无人飞机旋翼的桨叶剖面由翼型构成，桨叶平面形状细长，相当于一个大展弦比的梯形机翼。当螺旋桨以一定迎角和速度相对于空气运动时，就产生了气动力。本节学习的重点是了解和熟悉气体特性、伯努利定理与牛顿三大定律、翼型的几何参数与动力系数、多旋翼无人飞机的工作原理等内容。

学习目标

1. 知识目标

1）熟悉气体特性及流体的连续性定理。

2）熟悉伯努利定理及其适用条件。

3）了解牛顿三大定律的具体内容与特点。

4）掌握机翼剖面几何参数、升力系数、迎角等重要术语及含义。

5）掌握多旋翼无人飞机的工作原理。

2. 能力目标

1）能够区分常见的翼型结构与特点。

2）能够利用公式计算不同迎角时的升力系数。

3）能够理解多旋翼无人飞机飞行原理，理解飞机沿各自由度的运动方法。

多旋翼无人飞机与单旋翼无人直升飞机同属于无人旋翼飞行器的范畴，它们既有相同之处，也有不同的地方。电动多旋翼无人飞机的旋翼系统采用定距变速调节升力方案，能够克服无人直升飞机旋翼桨毂机器操纵系统结构过于复杂的缺点，而有结构简单、重量轻、故障率低、维护简便等优点。

多旋翼无人飞机的旋翼桨叶剖面形状（翼型）直接影响多旋翼无人飞机的气动性能和飞行品质。因此，想要更好地探索或了解多旋翼无人飞机的飞行原理，就必须对其旋翼桨叶翼型的集合参数和气动性能有所了解。本节主要讨论多旋翼无人飞机飞行的基本原理，包括相关基础理论、基本概念和基础知识。

1. 气体特性

物体在空气中运动或者空气在物体表面流过，空气都会对物体产生作用力，这种作用力被称为空气动力。只要空气与物体之间有相对运动，就会产生空气动力。一般，空气的流动是不可见的，但可以通过烟风洞或水洞模拟飞机周围气流流动的情况，使气流的流动变得可见，如图2-33所示。空气微团流动的路线就是流线，由许多流线组成的流动图形称为流线谱。空气流动的情形一般用流线、流管和流线谱来描述。

流线谱具有以下特点：

1）流线谱的形状与流动速度无关。

2）物体形状不同，空气流过物体的流线谱不同。

3）物体与相对气流的相对位置（迎角）不同，空气流过物体的流线谱不同。

4）气流受阻，流管扩张变粗，气流流过物体外凸处或受挤压，流管收缩变细。

5）气流流过物体时，在物体的后部都要形成涡流区。

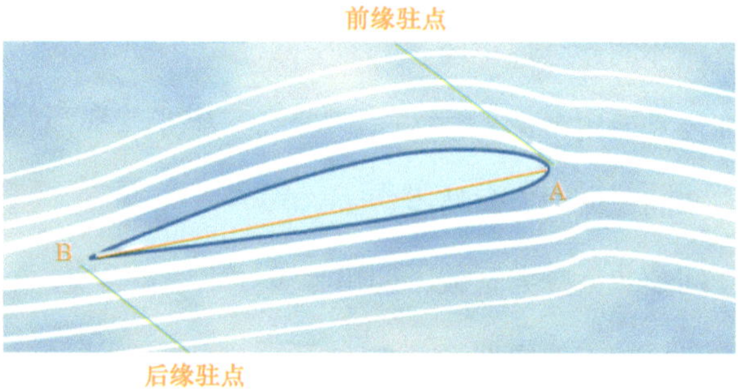

图2-33　机翼表面气流的流线谱

空气在两根流线间流动，就好像是在一根管子中流动一样。我们把流线组成的管子叫作流管。两条流线间的距离缩小，就说明流管收缩或变细了。两条流线间的距离扩大，就说明流管扩张或变粗了。空气的流动也要遵守质量守恒定律和能量守恒定律。流体流过流管时，在同一时间流过流管任意截面的流体质量相等，这就是流体的连续性定理，如图2-34所示。

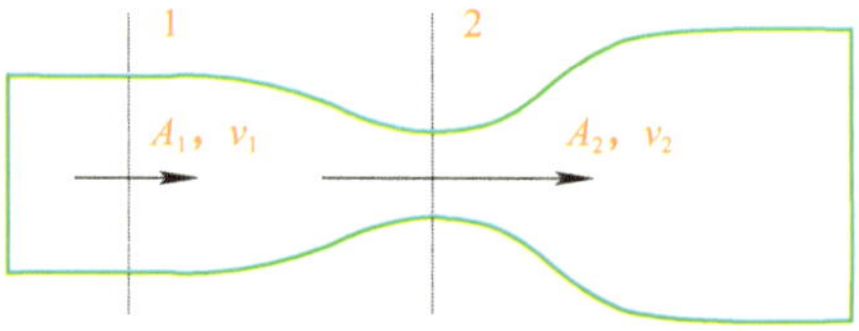

图2-34　流体的连续性定理

在图2-34中，设空气流过切面1的速度为v_1，切面积为A_1，空气密度为ρ_1；空气流过切面2的速度为v_2，切面积为A_2，空气密度为ρ_2。则单位时间内流过截面1的流体质量为$v_1 \cdot A_1 \cdot \rho_1$；单位时间内流过截面2的流体质量为$v_2 \cdot A_2 \cdot \rho_2$；则根据质量守恒定律可得：

$$v_1 \cdot A_1 \cdot \rho_1 = v_2 \cdot A_2 \cdot \rho_2 \text{，即} v_1 \cdot A_1 = v_2 \cdot A_2$$

从上式可以看出，空气稳定在一个管道中流动时，在管道粗的地方必然流得慢，在管道细的地方必然流得快。也就是说，空气流速的快慢与管道的切面积成反比。这就是空气流速与管道切面之间的关系。

2．伯努利定理

伯努利定理是在连续性定理基础上，由丹尼尔·伯努利在1726年首先提出的：“在水流或气流里，如果速度越大，静压力越小，速度越小，静压力越大”，如图2-35所示。

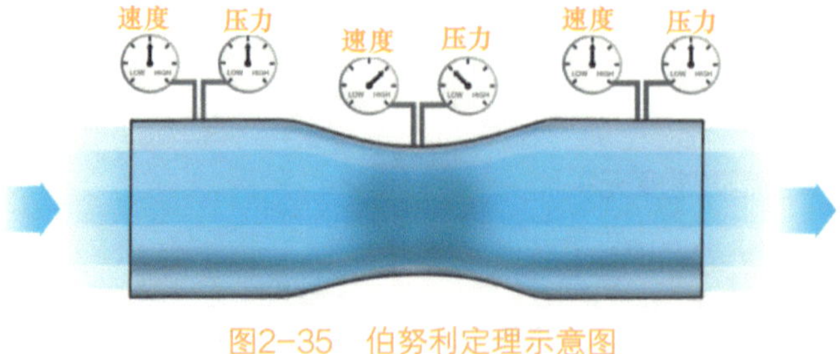

图2-35　伯努利定理示意图

如果设法使机翼上部空气流速较快，静压力则较小，机翼下部空气流速较慢，静压力较大，于是机翼就被往上推，飞机就飞起来，如图2-36所示。

经风洞实验证实，两个相邻空气的质点流经机翼上缘的质点会比流经机翼的下缘质点先到达后缘，如图2-37所示。

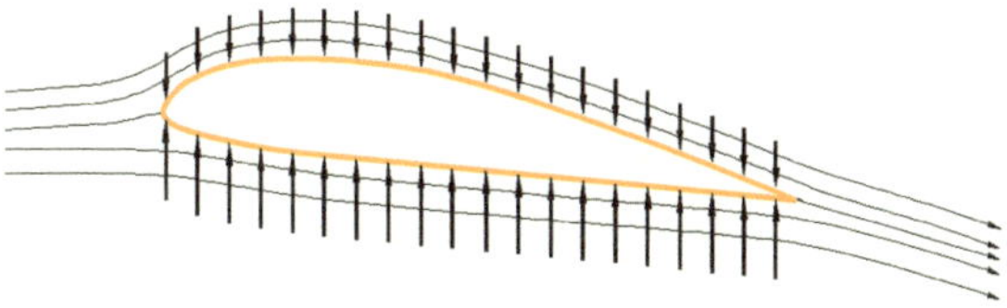

图2-36 机翼上下部压力示意

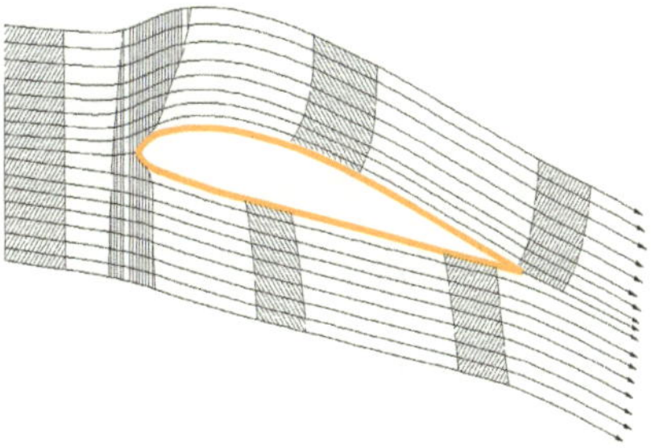

图2-37 机翼上下部的空气流速示意

稳定气流中，在同一流管的各切面上，空气的静压和动压之和保持不变。这个不变的数值，就是全压。由此可知：动压大，则静压小；动压小，则静压大。即流速大，压力小；流速小，压力大。其表达式为：

$$p+\frac{1}{2}\rho V^2=p_t=C$$

式中，p为静压，$\frac{1}{2}\rho V^2$为动压，p_t为总压，C为常数。

空气能量主要有四种：动能、压力能、热能、重力势能。低速流动时，热能可忽略不计；空气密度小时，重力势能可忽略不计。因此，沿流管任意截面能量守恒，即动能+压力能=常值。

伯努利定理的适用条件：

1）气流是连续、稳定的，即流动是定常的。

2）流动的空气与外界没有能量交换，即空气是绝热的。

3）空气没有黏性，即空气为理想流体。

4）空气密度不变，即空气为不可压流。

5）在同一条流线或同一条流管上。

3. 牛顿三大定律

（1）牛顿第一定律

牛顿第一定律的定义是在不受任何外力或所受外力之和为零的状态下，物体总是保持匀速直线运动状态或静止状态。

任何物体都保持静止或匀速直线运动的状态，直到受到其他物体的作用力迫使它改变这种状态为止。物体都有维持静止和做匀速直线运动的趋势，因此物体的运动状态是由它的运动速度决定的，如果没有外力作用，它的运动状态是不会改变的，物体的这种性质称为惯性。所以牛顿第一定律也称为惯性定律。第一定律阐明了力的概念。明确了力是物体间的相互作用，指出了是力改变了物体的运动状态。因为加速度是描写物体运动状态的变化，所以力是和加速度相联系的，而不是和速度相联系的。

（2）牛顿第二定律

物体受到合外力的作用会产生加速度，加速度的方向和合外力的方向相同，加速度的大小正比于合外力的大小，与物体的惯性质量成反比。

牛顿第二定律最常见的形式为：$F=ma$

牛顿第二定律定量地描述了力作用的效果，定量地度量了物体的惯性大小。物体受到合外力，会产生加速度，可能使物体的运动状态或速度发生改变，但是这种改变是和物体本身的运动状态有关的。真空中由于没有空气阻力，各种物体因为只受到重力，则无论它们的质量如何，都具有相同的加速度。

（3）牛顿第三定律

两个物体之间的作用力和反作用力在同一条直线上，大小相等，方向相反。要改变一个物体的运动状态，必须有其他物体与其相互作用。物体之间的相互作用是通过力来体现的。有作用力必有反作用力。作用力和反作用力的特点：

1）作用力和反作用力是没有主次、先后之分，同时产生、同时消失。

2）这一对力是作用在不同物体上，不可能抵消。

3）作用力和反作用力必须是同一性质的力。

4）与参照系无关。

4．翼型的几何参数与动力系数

（1）翼型定义与几何参数

翼型是把机翼沿平行机身纵轴方向切下的剖面，机翼的翼型是流线形的，上表面弯曲大，下表面弯曲小或者是平面，如图2-38所示。机翼的效率受翼型的影响极大，在一定程度上是受翼型弯度的影响和厚度的影响。

常见的翼型有平板翼、S形翼、单凸翼、凹凸形翼、对称双凸形翼、层流翼、平凸形翼、菱形翼、双凸形翼、双弧形翼等，种类繁多，如图2-39所示。多旋翼无人飞机应用较多的有S形翼、凹凸形翼等。

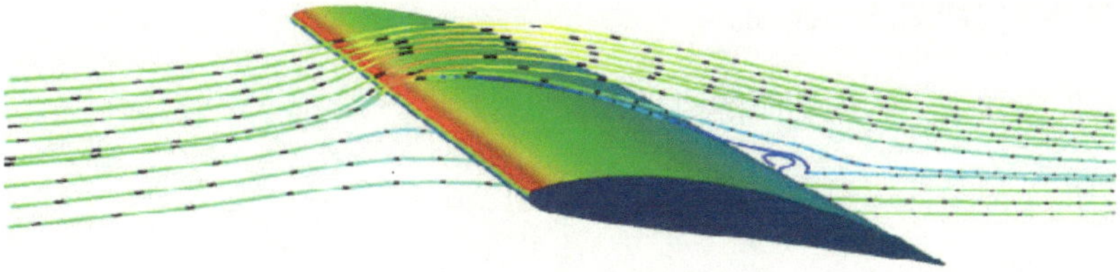

图2-38　机翼的翼型示意图

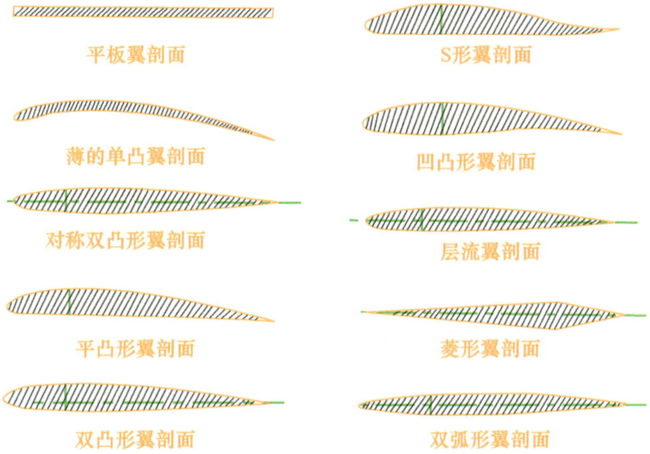

图2-39　常见的翼型示意图

无人飞机机翼的平面形状种类不多，主要有矩形、梯形、矩形+梯形、矩形+椭圆形、矩形+圆弧翼尖、椭圆形等。从空气动力学的观点看，椭圆形的机翼诱导阻力最小，但是制作难度较大。大多数无人飞机的机翼都采用矩形或梯形的平面形状，从理论上讲梯形机翼的诱导阻力较接近理想的椭圆机翼，而且翼肋大小变化有规律。

翼型的几何参数有前缘、后缘、翼弦、中弧线、最大厚度、相对厚度、弯度、相对弯度、前缘半径等，如图2-40所示。

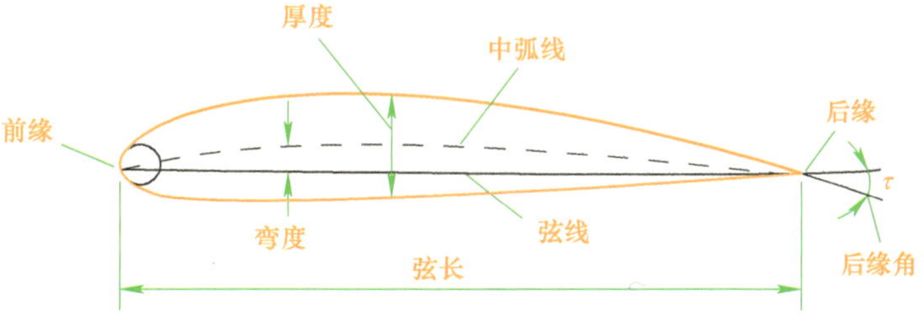

图2-40　机翼剖面几何参数

1）前缘是翼型最前面的一点。

2）后缘是翼型最后面的一点。

3）翼弦是前缘与后缘的连线。

4）中弧线是各内切圆圆心连线。

5）最大厚度是翼型最大内切圆的直径。

6）相对厚度（厚弦比）是最大厚度和弦长的比值。

7）弯度是中线到翼弦的最大垂直距离即最大弧高。

8）相对弯度是弯度和弦长的比值。

9）翼型的前缘是一个圆弧，该圆弧半径称为前缘半径。

（2）翼型的空气动力系数

飞机要在空气中飞行，必须要有升力。升力主要产生于机翼，就是利用飞机运动时，机翼上下压力差不同产生升力的，如图2-41所示。机翼上下表面的压力差愈大，产生的升力也就愈大。

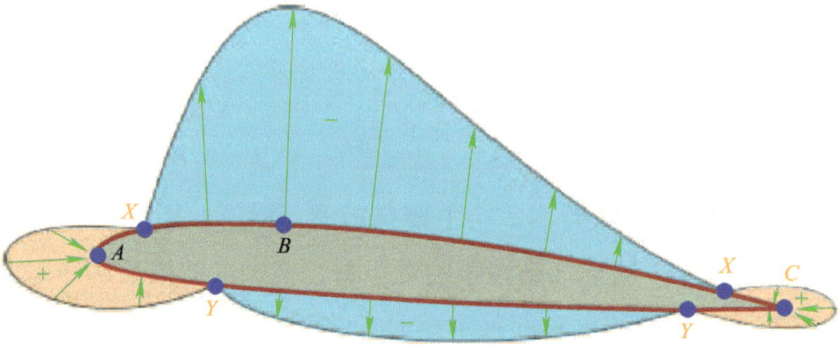

图2-41　翼型上的升力

实际上，对机翼升力的产生，解释起来是比较复杂的，利用伯努利定理来解释机翼为什么会产生升力是一种相对简单的通俗描述，可是当需要对一些特殊飞行现象进行解释或对升力进行具体计算时，伯努利定理就很难用上了。根据风洞和其他方法试验结果表明，机翼产生升力的大小可用公式计算为

$$L = 1/2\rho V^2 S C_L$$

式中 L——升力，N；

ρ——空气密度，在海平面及标准大气条件下可用1.226kg/m^3；

V——飞机与气流的相对速度，m/s；

S——机翼面积，m^2；

C_L——机翼升力系数。

其中，空气密度、飞行速度、机翼面积都是恒定的或可计算出来，而机翼的升力系数只能通过试验方法测量获得，例如，用风洞试验。机翼产生的升力大小，除了与空气密度、飞行速度和机翼面积有关外，还与机翼的截面形状（即翼型）、气流与机翼所成的角度（即迎角）等有关。不同的机翼、不同的翼型在不同的迎角下有不同的升力系数。科学家们花费很多功夫把各种各样的翼型放在风洞中试验，分别求出不同迎角时的升力系数，最后把这些数据进行整理画成曲线，如图2-42所示。

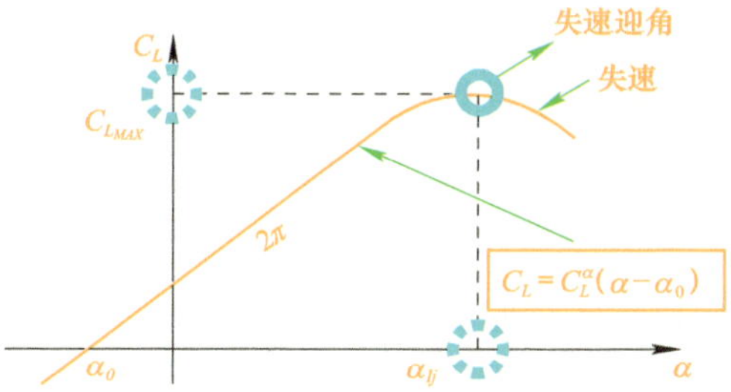

图2-42　升力系数曲线

图2-42中，曲线的横坐标代表迎角（α），纵坐标代表升力系数（C_L）。

迎角是翼弦和相对气流方向的夹角。翼弦向上为正迎角，向下为负迎角，如图2-43所示。

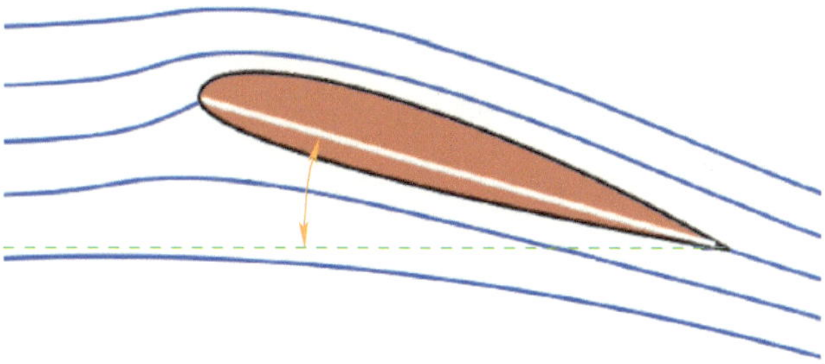

图2-43　迎角示意图

翼型的上表面弯曲，下表面比较平直，气流即使在0°迎角吹过来时也会使上表面的气流流得快，下表面的气流流得慢，结果还是产生升力。只有气流从斜上方吹来，迎角是负的，升力会等于0，这时的迎角称为零升力迎角。零升力迎角开始，迎角与升力系数成正比，升力系数曲线成为一根向上斜的直线。当迎角加大到一定程度以后升力系数开始下降。这个使升力系数达到最大值的迎角称为临界迎角。超过临界迎角，升力突然减小，飞机可能下坠或自动倾斜，这种情况叫作失速。

5. 多旋翼无人飞机的工作原理

在此以四旋翼无人飞机为例，分析多旋翼无人飞机的工作原理。四旋翼无人飞机的结构形式是旋翼对称分布在机体的前后、左右四个方向，四个旋翼处于同一高度平面，且四个旋翼的结构和半径都相同，四个电机对称地安装在飞机的支架端，支架中间安装飞控及其他外部设备，如图2-44所示。

（1）螺旋桨的反作用力矩

根据多旋翼结构上的对称性，假设四个电机转动方向相同，它们都是顺时针转动，那么就会对四个轴臂产生逆时针的四个反作用力矩，而这四个力作用在轴臂上时，使得机身会以自身中心为转轴进行旋转。就是说这四个反作用力矩的方向都是垂直于轴臂的，也就是我们通常所说的力矩。为了克服无人飞机的自旋，可以让对角线上的两个电机转动方向相同，而让相邻的两个电机转动方向相反，使它们所产生的反作用力矩相互抵消，无人飞机就不会再出现自旋了，如图2-45所示。

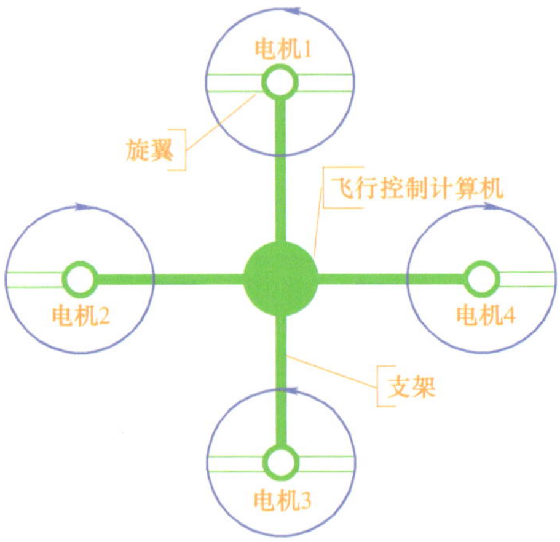

图2-44　四旋翼无人飞机的结构形式

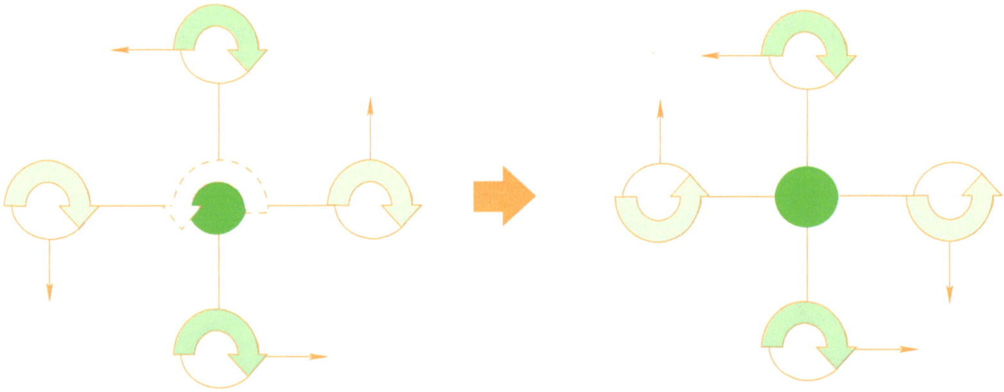
图2-45　螺旋桨的反作用力矩

飞行中，螺旋桨反作用力矩的大小主要随油门位置而变化。油门位置越大，反作用力矩越大。四旋翼无人飞机需要由动力系统提供四个旋翼的旋转动力，同时旋翼旋转产生的反作用力矩需要进行抵消。四旋翼飞机的电机1和电机3逆时针旋转的同时，电机2和电机4顺时针旋转，因此当飞机平衡飞行时，陀螺效应和空气动力反作用力矩效应均被抵消。

（2）四旋翼飞行控制原理

四旋翼无人飞机的控制原理就是，当没有外力并且重量分布平均时，四个螺旋桨以相同的转速转动，在螺旋桨向上的拉力大于整机的重量时，无人飞机就会向上升；在拉力与重量相等时，无人飞机就可在空中悬停。四旋翼飞机通过调节四个电机转速来改变旋翼转速，实现升力的变化，从而控制飞机的姿态和位置。四旋翼飞机只有四个输入力，同时却有六个状态输出。

当无人飞机的前方受到向下的外力时，前方电机加快转速，以抵消外力的影响从而保持水平。同样，其他几个方向受到外力时，也可以通过上述动作保持水平。当需要控制四旋翼向前飞时，前方的电机减速，而后方的电机加速，此时四旋翼就会向前倾斜，也相应地向前飞行。同样，四旋翼需要向后、向左、向右飞行，也可通过上述控制，使四旋翼往想要控制的方向飞行，如图2-46所示。

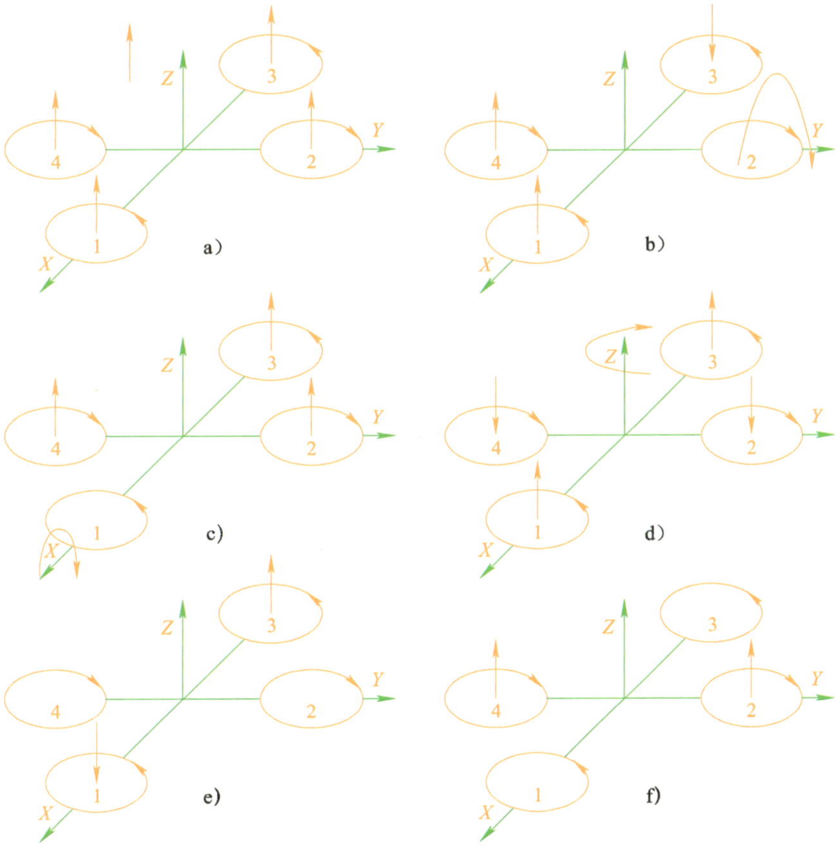

图2-46　四旋翼飞机沿各自由度的运动

a）垂直运动　b）俯仰运动　c）滚转运动　d）偏航运动　e）前后运动　f）侧向运动

1）垂直运动。在图2-46a中，同时增加四个电机的输出功率，旋翼转速增加使得总的拉力增大，当总拉力足以克服整机的重量时，四旋翼无人飞机便离地垂直上升。反之，同时减小四个电机的输出功率，四旋翼无人飞机则垂直下降，直至平衡落地，实现沿z轴的垂直运动。当旋翼产生的升力等于飞机的自重时，无人飞机便保持悬停状态。

2）俯仰运动。在图2-46b中，电机1的转速上升，电机3的转速下降，电机2和电机4的转速保持不变。由于旋翼1的升力上升，旋翼3的升力下降，产生的不平衡力矩使机身绕y轴旋转。同理，当电机1的转速下降，电机3的转速上升，机身便绕y轴向另一个方向旋转，实现飞机的俯仰运动。

3）滚转运动。在图2-46c中，改变电机2和电机4的转速，保持电机1和电机3的转速不变，则可使机身绕x轴旋转（正向和反向），实现飞机的滚转运动。

4）偏航运动。反作用力矩的大小与旋翼转速有关，当四个电机转速相同时，四个旋翼产生的反作用力矩相互平衡，四旋翼飞机不发生转动。当四个电机转速不完全相同时，不平衡的反作用力矩会引起四旋翼飞机转动。在图2-46d中，当电机1和电机3的转速上升，电机2和电机4的转速下降时，旋翼1和旋翼3对机身的反作用力矩大于旋翼2和旋翼4对机身的反作用力矩，机身便在富余反作用力矩的作用下绕z轴转动，实现飞机的偏航运动，转向与电机1和电机3的转向相反。

5）前后运动。要想实现四旋翼无人飞机在水平面内前后、左右的运动，必须在水平面内对飞机施加一定的力。在图2-46e中，增加电机3转速使拉力增大，相应减小电机1转速使拉力减小，同时保持其他两个电机转速不变，反作用力矩仍然要保持平衡。按图2-46b的理论，四旋翼无人飞机首先发生一定程度的倾斜，从而使旋翼拉力产生水平分量。向后飞行与向前飞行正好相反。

6）侧向运动。在图2-46f中，由于结构对称，所以侧向飞行的工作原理与前后运动完全一样。

评价

评价模块	评价内容与标准	得分
理论知识（50%）	复述熟悉伯努利定理及其适用条件（10分）	
	复述多旋翼无人飞机的飞行控制方式与特点（15分）	
	什么是翼型？翼型的集合参数主要有哪些（15分）	
	螺旋桨的反作用力矩是什么（10分）	
实际操作（40%）	能够利用公式计算不同迎角时的升力系数（10分）	
	用笔画出空气在翼型表面的流动情况和压力分布图（10分）	
	能够根据现代旋翼桨叶翼型数据，绘制其图形（10分）	
	根据翼型特性，会选择合适的翼型（10分）	
职业素养（10%）	具有系统科学思维，以及能够从全局出发构思的总体设计素养（5分）	
	具有诚信、敬业、科学、严谨的工作态度（5分）	
合　计		

单元总结

本单元学习的重点是掌握多旋翼植保无人飞机的系统组成与功用；了解和熟悉气体特

性、伯努利定理与牛顿三大定律、翼型的几何参数与动力系数、多旋翼无人飞机的工作原理等内容。通过学习多旋翼植保无人飞机的系统组成与功用，学会计算植保无人飞机动力电池的容量、放电电流、放电时长，能够绘制无刷电调的接线图与无人飞机导航飞控系统的逻辑连接图。通过学习多旋翼无人飞机的工作原理，学会计算不同迎角时的升力系数、能够绘制空气在翼型表面的流动情况和压力分布图、学会利用翼型特点选择合适的翼型。本单元思维导图如图2-47所示。

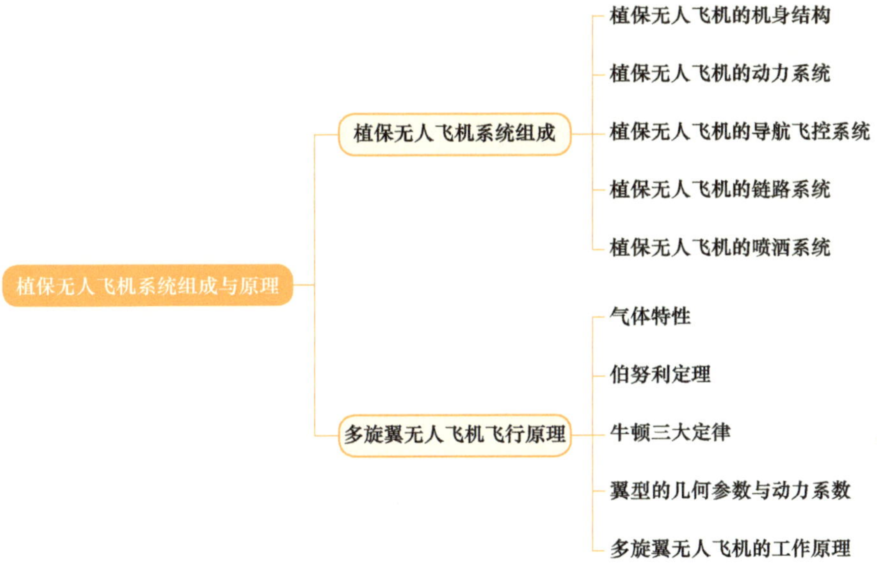

图2-47　思维导图

第2部分

实践技能训练

Unit 3

单元 3 植保无人飞机的组装与调试

单元概述

1. 职业技能等级证书技能要求

植保无人飞机应用职业技能等级标准植保无人飞机的组装与调试部分，见表3-1。

表3-1 职业技能等级标准植保无人飞机的组装与调试

工作任务	职业技能要求
无人飞机组装	◆ 能按照安全操作规范，正确组装植保无人飞机机体、旋翼、电机、电池，检查各部分连接牢靠 ◆ 能按照安全操作规范，正确安装飞行控件器、电子调速器、GPS，检查各部分连接牢靠 ◆ 能依据作业需求与规范，正确安装植保喷洒设备
无人飞机调试	◆ 能按照安全操作规范，调试飞行控件器、电子调速器、GPS设备工作正常 ◆ 能按照安全操作规范，调试整机，保证正常起降 ◆ 能按照安全操作规范，调试植保喷洒设备工作正常

2. 知识引入

随着无人飞机技术的不断发展，无人飞机设备功能增多，购买无人飞机的价格也越来越低。随着无人飞机市场迅速发展，无人飞机数量增多，现在只需花几百元就能买齐相关配件自己动手组装无人飞机。

本单元以电动多旋翼无人飞机为例，重点讲解多旋翼无人飞机装调的基本原则与步骤。多旋翼无人飞机组装是指把无人飞机的基本硬件以及辅助设备，按照一定的技术要求，组装成具备设计功能的无人飞机。组装内容主要包括机体、动力系统、飞控系统、遥控装置及任务载荷等。将机架、飞控系统、动力系统和通信系统等多旋翼无人飞机硬件组装后，为了实现无人飞机的良好飞行及功能要求，必须进行合理的调试，调试工作关系着飞行性能与安全。

任务1 组装多旋翼无人飞机

任务情境

多旋翼无人飞机和固定翼、直升飞机虽然结构不同，大小不一，但组装基本工艺并无差别。无人飞机组装方法的科学性、工艺的合理性，都会影响无人飞机的气动性能、强度和可靠性。无人飞机组装是按照规定的技术要求，将若干零件结合成部件，或将若干零件或部件结合成产品的劳动过程。组装过程是保证产品质量、制造准确度的重要环节，影响产品技术经济性能和使用性能。多旋翼无人飞机的内部结构相对简单，一般的组装步骤为机架组装、动力系统组装、飞控系统组装、遥控装置组装和任务载荷组装等。在不影响飞行性能的前提下，部分组装顺序也可以适当调整。

学习目标

1. 知识目标

1）了解无人飞机组装前的准备事项。

2）了解组装工具的使用方法和注意事项。

3）熟悉多旋翼无人飞机的组装工艺图。

4）能够正确把握多旋翼无人飞机的组装顺序和流程。

5）掌握电机电调的接线方法、飞控系统的接线方法。

2. 能力目标

1）能够正确选择标准件与工具设备。

2）能够按照要求正确组装多旋翼无人飞机机架。

3）能按照安全操作规范，正确组装植保无人飞机旋翼、电机、电池，检查各部分连接是否牢靠。

4）能按照安全操作规范，正确安装飞控、电子调速器、GPS，检查各部分连接是否牢靠。

5）能依据作业需求与规范，正确安装植保喷洒设备。

任务分析

本任务设置无人飞机组装前准备、微型实训多旋翼无人飞机组装、多旋翼植保无人飞机组装等内容，使学生了解掌握多旋翼无人飞机组装方法与步骤、多旋翼植保无人飞机的组装方法与步骤。

多旋翼无人飞机组装时，每完成一道工序都要做仔细的质量检查，待全部组装工作完成后，要对整机做严格的运行调试。无人飞机的组装工作与无人飞机的使用质量和飞行安全保障有紧密的关系，因为组装过程中每项工作的准备、实施和调试结果，都会对整机的使用产生直接或间接的影响。准备无人飞机组装用的工具是组装工作的第一步，然后准备无人飞机配件，根据配件清单检查组装所需的零部件是否齐全。检查相关的产品说明书、图样，仔细阅读组装用零部件的用户使用手册、安装说明及图样，详细了解安装流程和注意事项，逐个安装机架、动力系统、飞控、遥控装置及任务载荷等设备。

任务实施

1. 进行无人飞机组装准备

（1）认识组装工具

无人飞机组装与调试过程中会用到各种工具和材料，见表3-2。常用的工具有六棱角旋具、一字或十字螺钉旋具、斜口钳、尖嘴钳、剥线钳、剪刀、电烙铁、热风枪等。常用的材料有尼龙扎带、双面泡沫胶、螺钉胶、热缩管、焊锡丝、助焊剂等。

表3-2 各种工具和材料

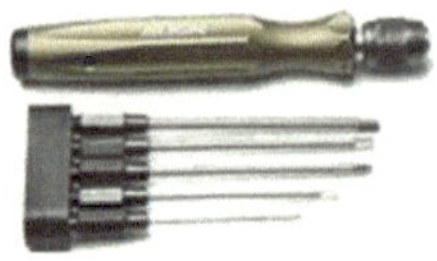 六棱角旋具	 斜口钳	 尖嘴钳	 剥线钳
 电烙铁	 热风枪	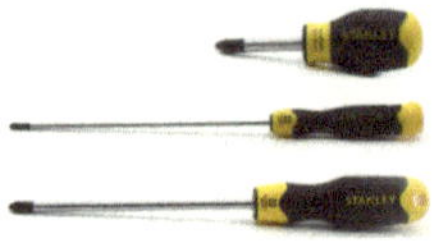 一字或十字螺钉旋具	 热缩管
 焊锡丝	 尼龙扎带	 螺钉胶	 助焊剂

（2）选择标准件与工具

根据多旋翼无人飞机的机构与安装特点，判断使用何种标准件与工具进行组装。不同类型的多旋翼无人飞机结构差异比较大，其组装方式也有所不同。需要根据实际情况选择不同的工具进行组装。

（3）认知组装图、分析组装流程

多旋翼无人飞机的说明书或者使用设计文件都标有比较详细的组装流程图或机械组装图。只有把握正确的组装顺序和流程，才能顺利正确地完成无人飞机组件的组装工作，如图3-1所示。

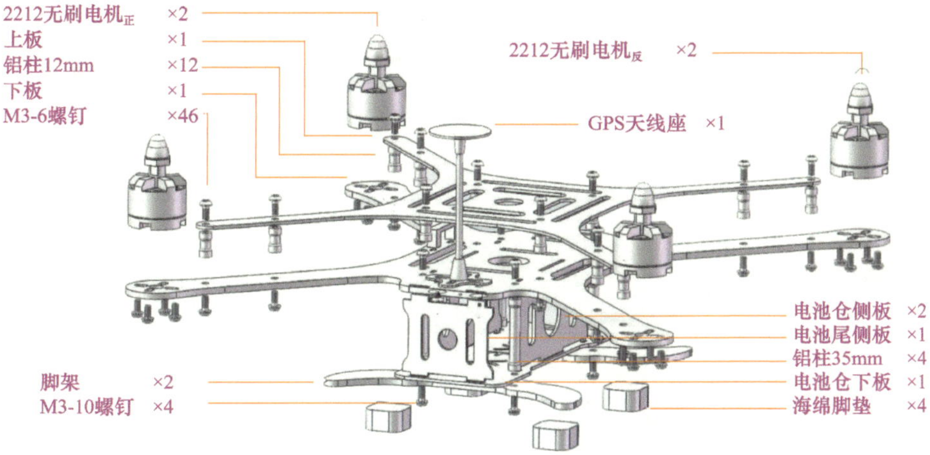

图3-1　认知多旋翼无人飞机组装图

2. 认识微型实训多旋翼无人飞机配件

以JY-F-330微型组装实训用多旋翼无人飞机为例。该多旋翼无人飞机的机架配件有上盖板、下盖板、电池仓、脚架、不同型号铝柱、不同型号螺钉、GPS座、XT60头座、螺旋桨、海绵脚垫等配件，见表3-3。

表3-3　配件

 上盖板	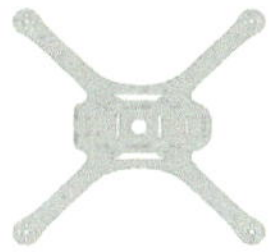 下盖板	 电池仓下板	 电池仓侧板
 电池仓尾板	 脚架	 35mm铝柱	 12mm铝柱
 M3-6螺钉	 M3-10螺钉	 GPS座	XT60头座
 螺旋桨	 海绵脚垫	 XT60头	 绑带

动力组配件有分电板、无刷电机、无刷电调、电极板等配件，见表3-4。

表3-4　动力组配件

 分电板	 无刷电机（正）	 无刷电机（反）	 无刷电调

飞行控制组配件有NAZA主控、GPS、LED模块、PMU模块等，见表3-5。

表3-5　飞行控制组配件

 NAZA主控	 GPS	 LED	 PMU
 舵机线	 USB调参线	 3M胶	 BB响测电器

3. 组装微型实训多旋翼无人飞机机体

操作步骤	操作说明	示意图
1	将电池仓侧板2块、电池仓尾板1块、机架下板1块、脚架2片、35mm 铝柱4根、用M3-6和M3-10螺钉安装在机架下板下方。先把电池仓同机架的下板、脚架用4个35mm铝柱连接。接地顺序：脚架应凸面相对安装，电池仓、下板带自锁螺孔的一面朝下	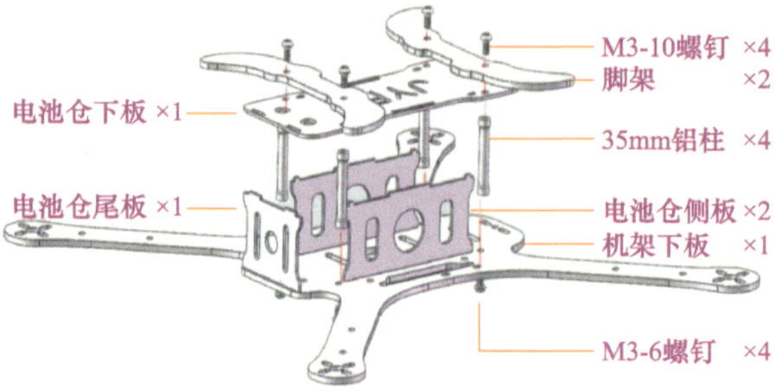
2	将12个12mm铝柱用M3-6螺钉安装在机架下板上方	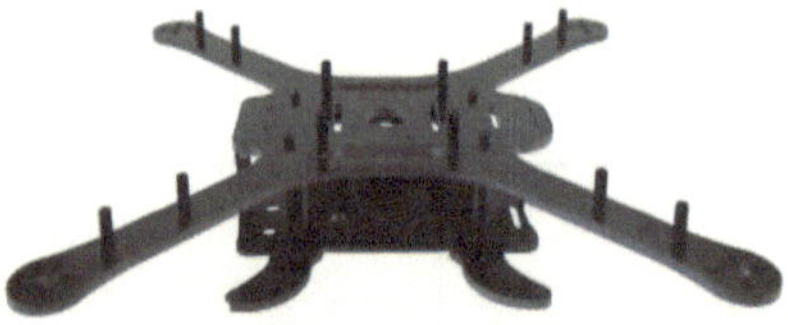
3	将中心板通过 3M 双面胶带固定到下板的中心位置上方	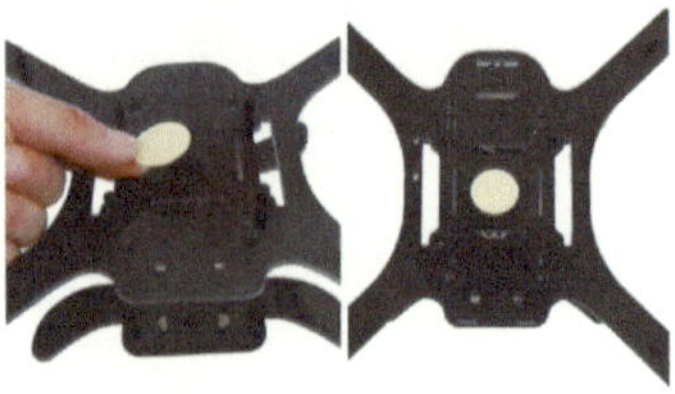

（续）

操作步骤	操作说明	示意图
4	将XT60插头的公头使用M3-6螺钉通过铝件固定到下板的右侧	
5	将 XT60 插头红黑两线用电烙铁焊接到中心板的中心位置	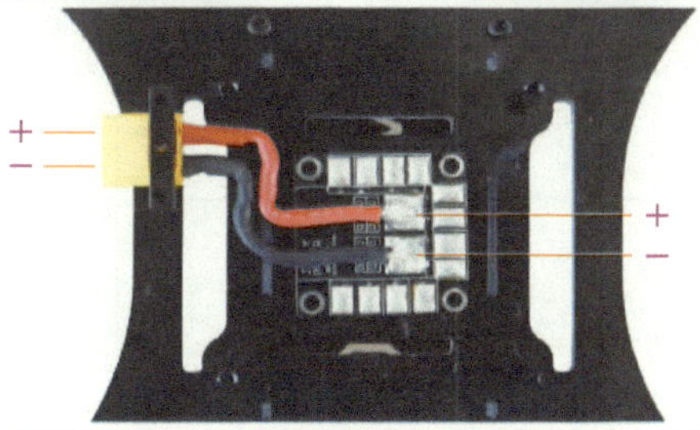
6	将4个电机分别用4颗M3-6螺钉安装到机臂尾端，与电机槽对应。安装时注意电机的旋转方向、白帽电机和黑帽电机的安装位置	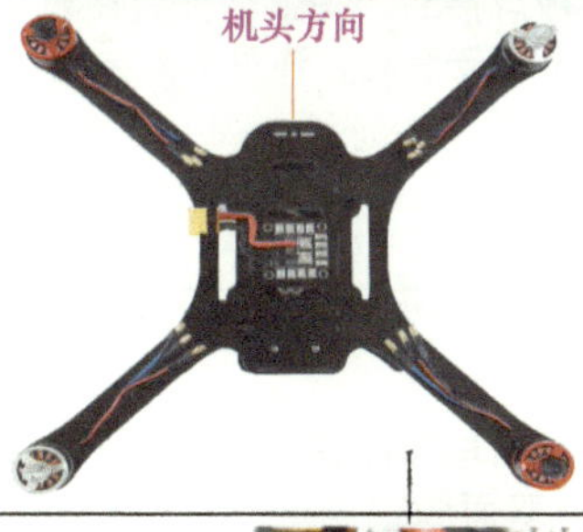
7	将4个电调分别安装到机臂三分之一处，并用3M胶带固定，然后与电机相连接。如果电机转向错误，则调换电机两根线的顺序	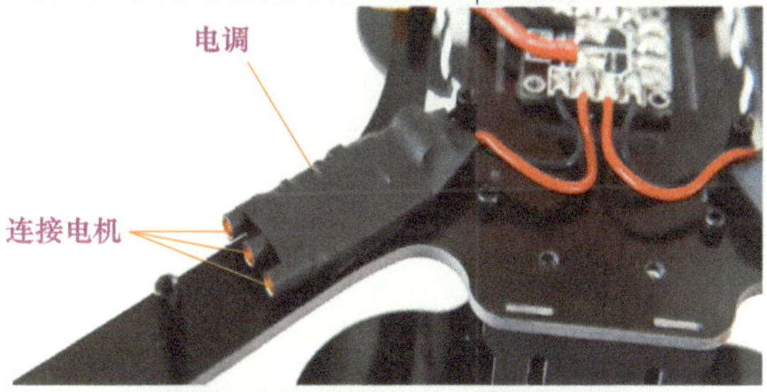
8	将电调的电源线与中心板上的分级相连接，红色接正极，黑色接负极	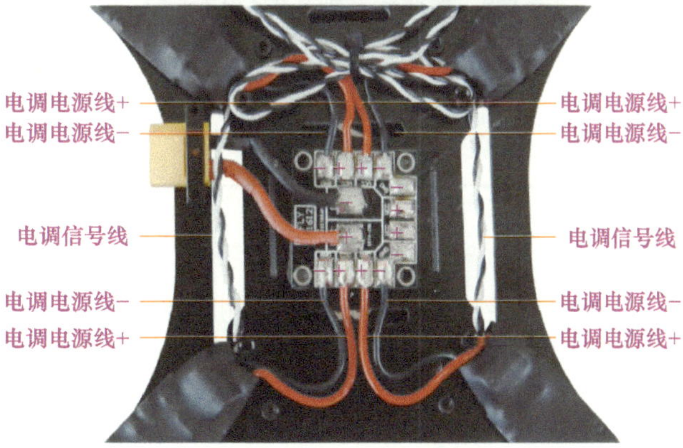

（续）

操作步骤	操作说明	示意图
9	将飞控用3M双面胶带固定到上板的中心位置 将PMU与接收机用3M双面胶带固定到飞控的两侧	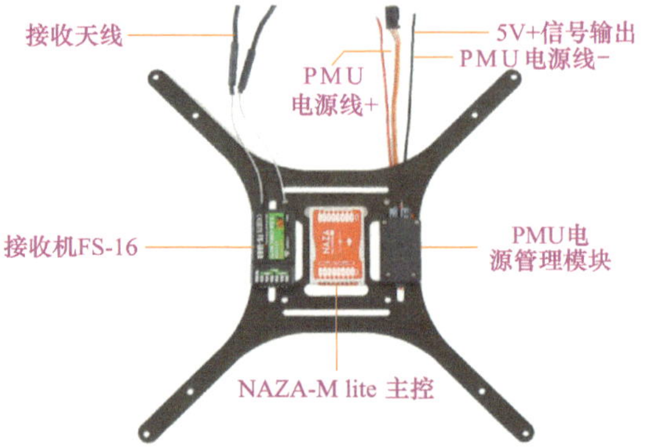
10	将PMU电源线绕到下板与中心板焊接后、把上板安装在机架上。安装时，注意机头方向	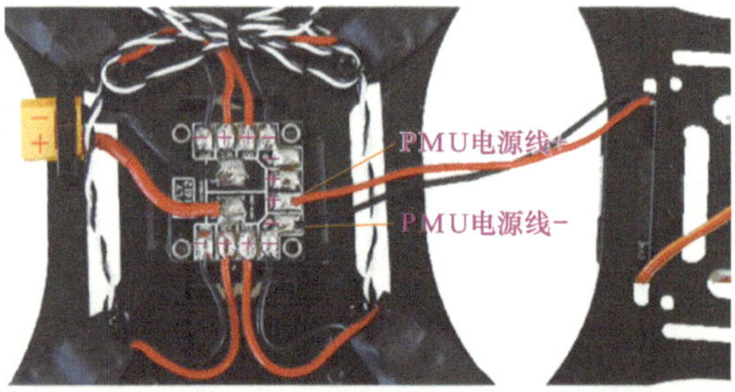
11	GPS与飞控连接：将GPS用3M双面胶带固定到底座上，然后用GPS杆与下板的自锁螺孔固定,将GPS线与飞控EXP口相连接	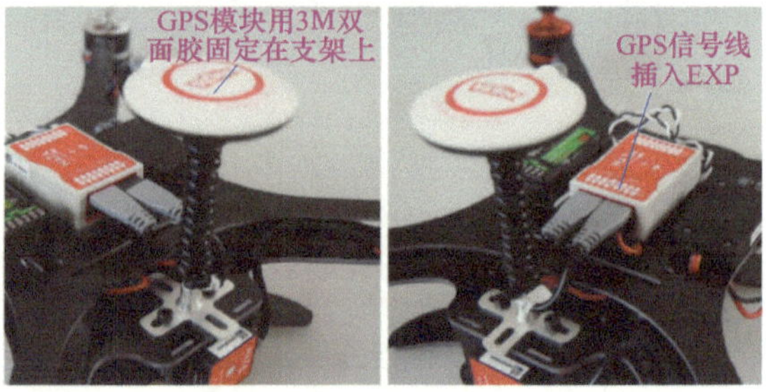
12	将4个螺旋桨分别安装到4个无刷电机轴。安装时，注意螺旋桨的旋转方向是否正确	

4．认识多旋翼植保无人飞机配件

以大疆MG-1P农业植保无人飞机为例。准备好需要组装的部件（见表3-6），机体结构包括飞机主体、起落架、USB连接线、螺旋桨、电机防撞环等部件。喷洒系统包括作业箱、喷头套件、软管扣件、防护板、雷达模块、雷达连接件等，如图3-2所示。

表3-6 部件

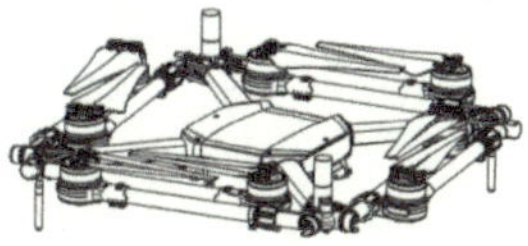 飞机主体	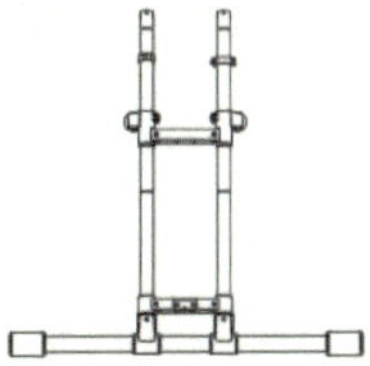 起落架（左）	 起落架（右）	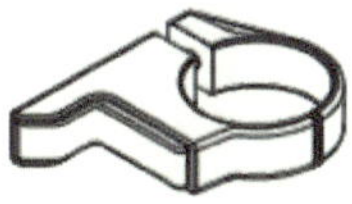 电机防撞环
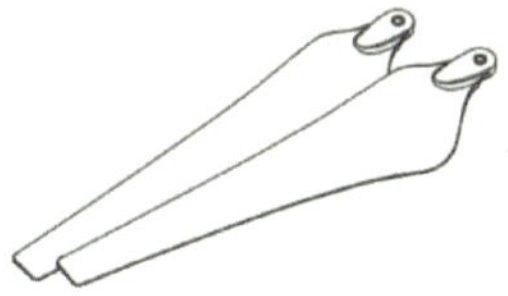 螺旋桨叶（CW）	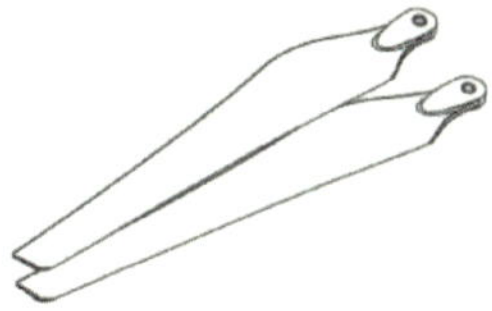 螺旋桨叶（CCW）	 桨托	 电源插头
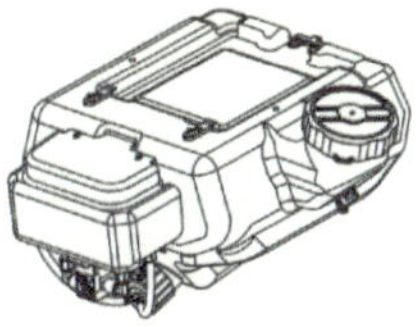 作业箱	 喷头套件	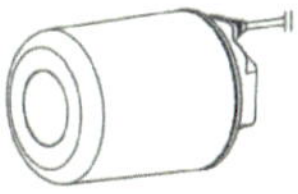 雷达模块	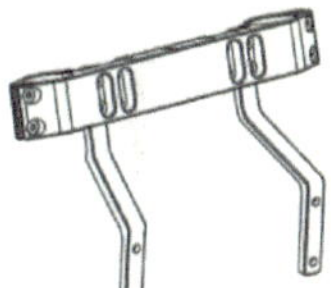 雷达连接件
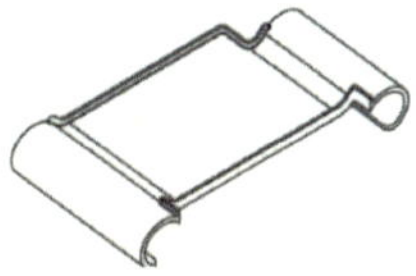 防护板	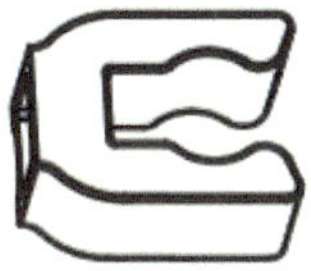 软管扣件	 T3×10 M3×5.5 M3×6 M3×8（Plus） M3×10（Plus） 软管紧固螺母 螺钉	 USB-C OTG线

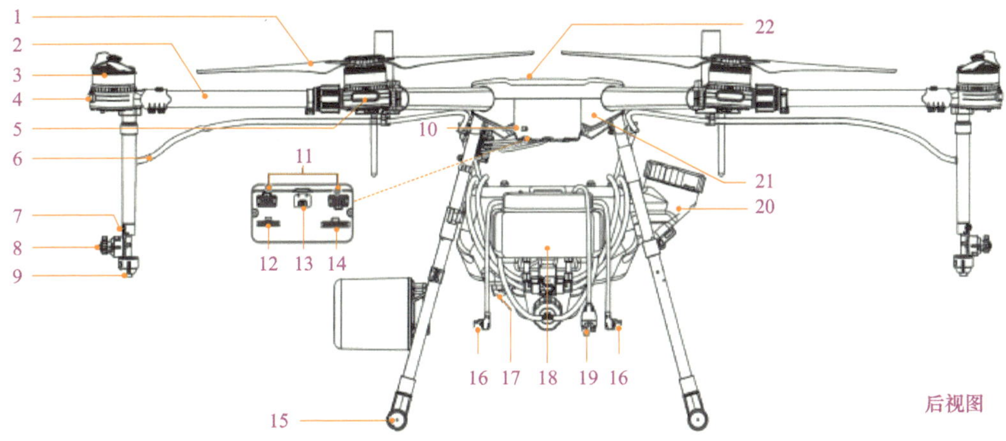

图3-2 无人飞机各部件认知组装图

1-螺旋桨 2-机臂 3-电机 4-电调指示灯 5-飞机状态指示灯 6-软管 7-喷头 8-泄压阀 9-喷嘴 10-对频按键 11-液泵接口 12-雷达接口 13-调参接口 14-液位计接口 15-起落架 16-液泵连接线 17-液位计 18-液泵 19-液位计连接线 20-作业箱 21-飞机主体 22-GNSS模块

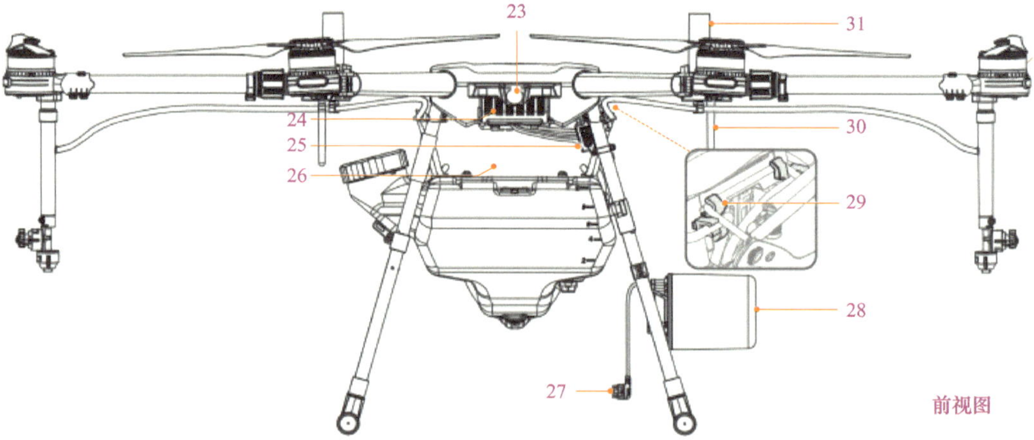

图3-2　无人飞机各部件认知组装图（续）

23-FPB摄像头　24-空气过滤罩　25-电源接口　26-电池安装位　27-雷达连接线
28-雷达模块　29-遥控器挂钩　30-双频天线　31-机载D-RTK天线

5. 组装多旋翼植保无人飞机机体

操作步骤	操作说明	示意图
1	将两根机臂固定在三通主体上，圆柱天线固定座装入三通主体	
2	整齐排好机臂，将下碳板固定在大臂上。将大臂的信号线按顺序插入汇总板，并固定	
3	将电调信号线按顺序插入主控接口上，依次将SDR主控线、GPS信号线插入主控接口，并固定好，盖好上碳板固定后，装入上盖	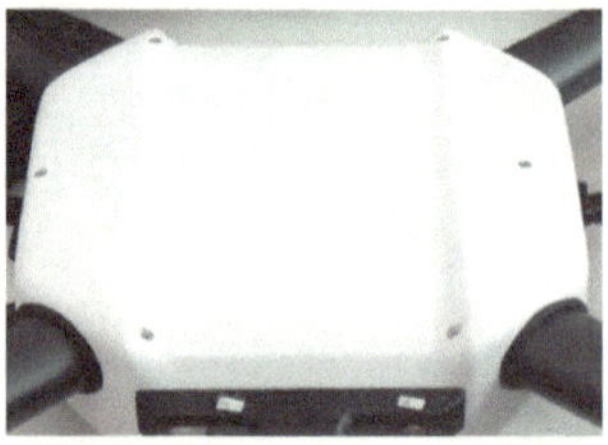
4	准备右侧起落架，连接指南针连接线	

（续）

操作步骤	操作说明	示意图
5	将右侧起落架插入起落架支撑管，拧紧螺钉固定，注意不要损坏连接线	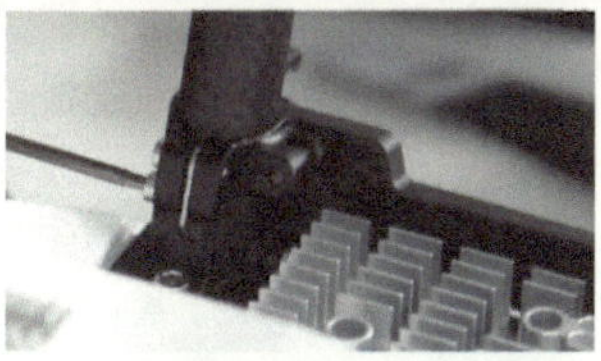
6	安装左侧起落架，插入起落架支撑管，拧紧螺钉固定	
7	将飞机底部的电源接口模块安装到左侧的起落架支撑管上	

6．组装植保无人飞机喷洒系统

操作步骤	操作说明	示意图
1	装入进水口滤网，盖上进水口盖子。将滤网安装在出水口，将出水嘴套入出水口，并盖上盖子	 
2	将水泵支架安装到水箱，水泵装入固定橡胶固定在支架上，并盖上保护罩	

（续）

操作步骤	操作说明	示意图
3	将喷头套件连接到作业箱，将带有喷头的软管穿过螺母连接到液泵下方的接头。注意白色或黑色软管应接到有相同颜色贴纸的接头，然后拧紧螺母，务必确保拧紧，以免漏液	
4	将左侧起落架上的作业箱固定件上滑至标识线的位置，固定件下方对齐标识线，拧紧螺钉	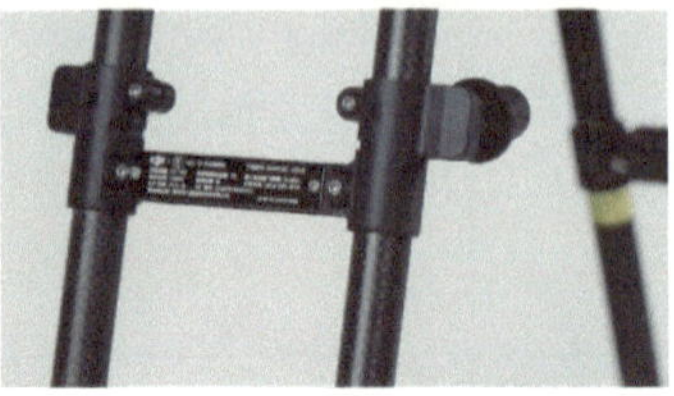
5	旋下作业箱盖子，面向机尾，使作业箱加药口朝向飞机右侧。然后将两侧的软管分别穿过起落架伸向飞机外侧。托起作业箱，使加药口穿过右侧起落架支撑管间的空隙。使左侧起落架上的作业箱固定件嵌入作业箱安装孔	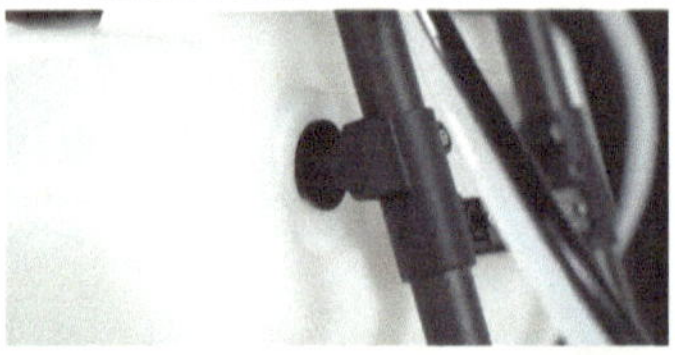
6	将右侧起落架上的固定件上滑至标识线的位置，固定件上方对齐标识线，拧紧螺钉	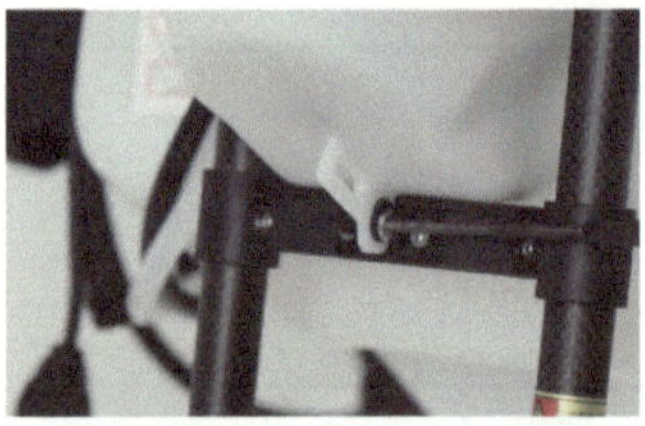
7	固定药箱，将液泵连接线和液位计连接线分别插入飞机底部接口	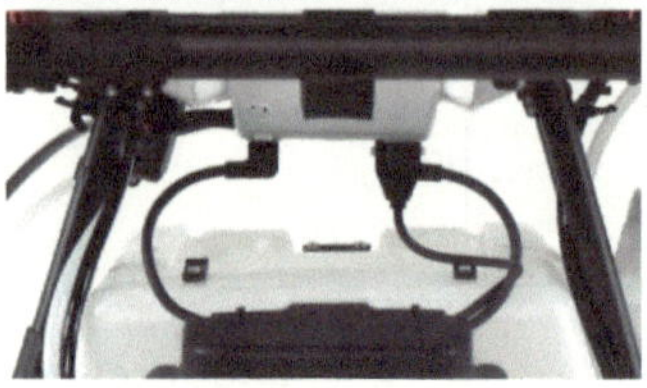
8	将8个机臂完全展开，然后旋紧8个连接处的套筒。将4个软管扣件分别安装到机臂折叠处底部，将1个软管扣件安装到飞机右侧起落架外部	
9	带白色软管的喷头安装到机臂M3和M8电机底部，带黑色软管的喷头安装到机臂M4和M7电机底部	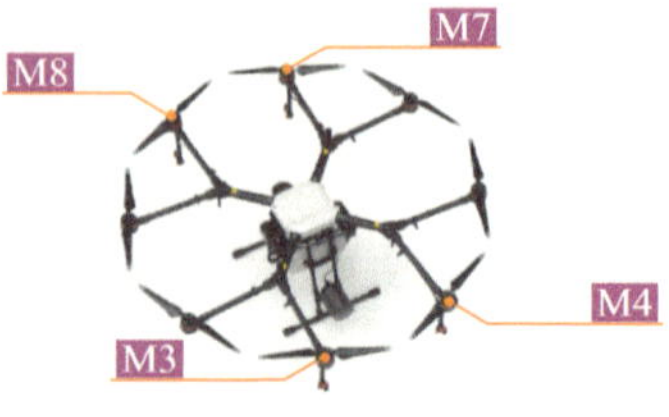

（续）

操作步骤	操作说明	示意图
10	使用螺钉将4个喷杆固定到对应机臂的电机底部	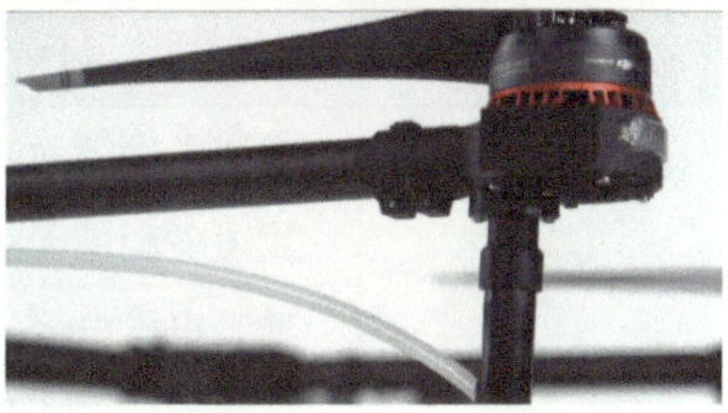
11	把两侧软管分别嵌入起落架上的扣件	
12	将防护板扣在右侧起落架上，以阻挡向作业箱内加药时溅出的液体，切勿用力过猛损坏防护板	
13	将雷达连接件安装到雷达模块，注意使横杆与雷达连接线在同一侧，将扣环安装到左侧起落架上的支撑管上。雷达连接线嵌入起落架支撑管上的线夹，然后插入飞机底部的雷达接口	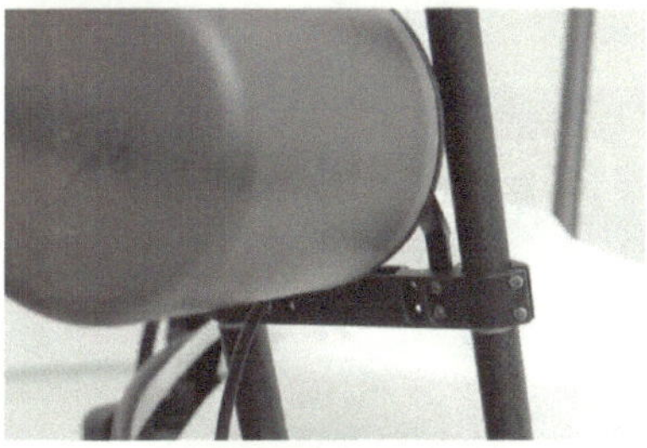
14	将电池从机头方向装入作业箱上的电池安装位置，然后将电池绑带扣在电池固定扣上	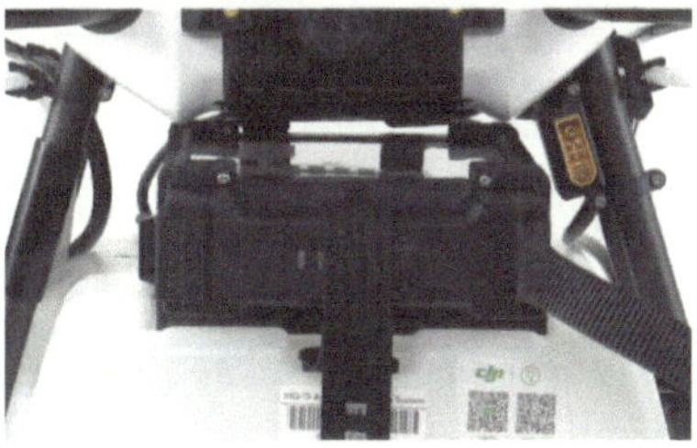
15	测量轴距、螺旋桨水平面、空机重量等参数，检查标准件紧固度、电缆连接、运动冲突等内容	

任务评价

评价模块	评价内容与标准	得分
理论知识（30%）	复述多旋翼无人飞机的组装的准备工作内容（9分）	
	复述多旋翼无人飞机的组装顺序和流程（12分）	
	熟悉电机电调的接线方法、飞控系统的接线方法（9分）	
实际操作（50%）	会根据组装工艺流程图制定组装方案（5分）	
	能够正确选择标准件与工具设备（10分）	
	能够正确安装飞控、电子调速器、GPS设备（10分）	
	能够正确组装植保无人飞机旋翼、电机、电池（10分）	
	能依据作业需求与规范正确安装植保喷洒设备（15分）	
安全规定（20%）	按规定摆放工具和零部件，保证组装流程简便、顺畅（10分）	
	按规范使用工具，用后及时整理收纳（5分）	
	按流程进行各项任务实施（5分）	
合　计		

任务2 调试多旋翼无人飞机

任务情境

调试是指对新组装的无人飞机设备或者维修后的设备重新运行时，对存在的问题进行处理。调试主要包括硬件部分和软件部分，硬件部分如安装位置和安装距离的调整等。软件部分如动力系统的调试、飞控系统的调试、遥控器和接收机等设备的调试。这一过程关系到无人飞机的可靠运行与人机安全，必须经过仔细调试，并确认一切正常后才能进行下一步作业。

学习目标

1．知识目标

1）掌握接收机的几种通信模式。

2）熟悉遥控器的基本原理、操控模式及控制方式。

3）掌握多旋翼无人飞机调参步骤。

4）掌握多旋翼无人飞机调参软件使用方法。

2. 能力目标

1）会检查飞控板与接收机连接线路连接。

2）能够使用常用遥控器控制方式，操控无人飞机。

3）能够对几种常用遥控器和接收机进行对频操作。

4）能够进行指南针、IMU多面体等传感器校准。

5）能够对喷头进行流量校准。

6）能够在有桨状态下测试无人飞机飞行性能。

任务分析

多旋翼无人飞机硬件组装完成后，为了实现无人飞机的良好飞行性能，必须进行合理的调试工作。无人飞机调试的方法和步骤主要包括无桨调试和有桨调试。无桨调试主要是在不安装螺旋桨状态下，进行通电测试，检查飞控、电调和电机是否正常通电，遥控器与飞机是否正常连接，各个通道是否有效控制飞机，检查电机转动方向是否正确等。经过无桨调试排除安全隐患后，可进行有桨调试，测试无人飞机飞行性能。

本任务设置微型实训多旋翼组装无人飞机的飞控板连接线路检查、遥控器通道设置、电动机旋转方向检查、遥控器校准、电机怠速速度设置、电压校准、指南针校准等无桨调试内容。利用多旋翼植保无人飞机进行飞控软件调试，包括遥控器行程校准、电机测试、IMU多面体校准、喷头流量校准等内容。无桨状态下确认一切正常后，可接通电源进行有桨调试，测试无人飞机的飞行性能。

任务实施

1. 认识接收机模式

PWM、PPM（又称CPPM）、S. BUS都是接收机与其他设备通信的协议。注意这里不要和遥控器和接收机之间的协议混淆。遥控器和接收机之间会采用某种协议来互相沟通，这些协议往往各个厂牌各自有一套且互不兼容。但接收机输出的信号是有通行标准的，这里讨论的就是接收机输出的信号。

（1）PWM

PWM（Pulse Width Modulation，脉宽调制）如图3-3所示。这是一种古老而通用的工业信号，是最常见的控制信号。该信号主要原理是通过周期性跳变的高低电平组成方波，来进行连续数据的输出。

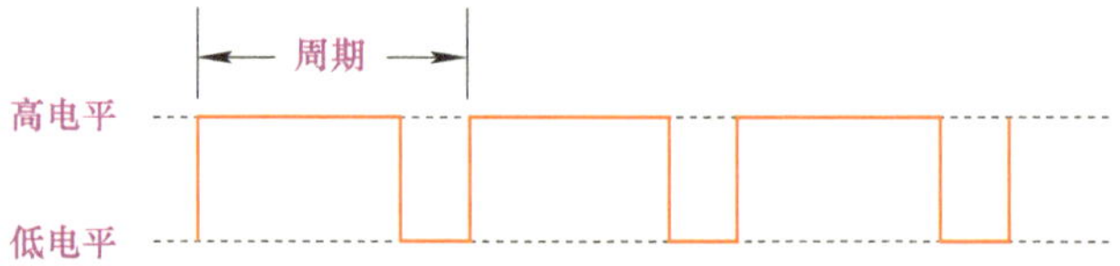

图3-3　PWM示意图

由于传输过程全部使用满电压传输，非0即1，很像数字信号，所以其拥有了数字信号的抗干扰能力。脉宽的调节是连续的，使得它能够传输模拟信号。PWM信号的发生和采集都非常简单，现在的数字电路则使用计数的方法产生和采集PWM信号。信号值与电压无关，这在电压不恒定的条件下非常有用，如电池电压会随消耗而降低，AC/DC都会存在纹波等，这些因素不会干扰信号的传输。PWM相对于PPM等协议最大的不同在于，它的每条物理连线里只传输1路信号。换句话说，需要传输几个通道就需要几组物理连线。

（2）PPM（CPPM）

因为PWM每路只能传输一路信号，在分别直接驱动不同设备时没问题。但有些场合，并不需要直接驱动设备，而是需要先集中获取接收机多个通道的值，再做其他用途，如将两个遥控器之间连接起来的教练模式，要将接收机的信号传输给飞控，每个通道一组物理连线的方式就显得非常烦琐和没有必要。PPM（Pulse Position Modulation，脉位调制）简单地将多个通道的数值一个接一个合并进入一个通道，用两个高电平之间的宽度来表示一个通道的值，如图3-4所示。

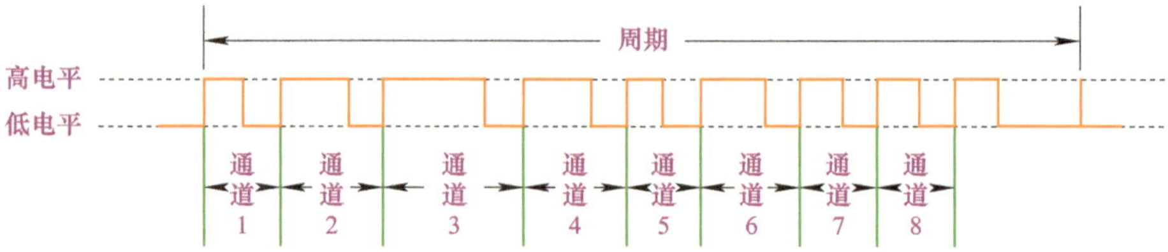

图3-4　PPM示意图

因为每一帧信号的尾部必须加入一个足够长的空白（显著超过一个正常PWM信号的宽度）来分隔前后两个信号，每一帧能传输的信号通道最多只能到8个。这在大部分的场合已经足够，而且PPM是一个通行标准，绝大多数品牌的遥控/接收都是支持的。

（3）S. BUS(S-BUS/SBUS)

S. BUS的全称是Serial Bus，是一个串行通信协议，最早由日本厂商FUTABA引入，随后FrSky的很多接收机也开始支持。S. BUS是全数字化接口总线，数字化是指该协议使用现有数字通信接口作为通信的硬件协议，而且使用专用的软件协议，这使得该设备非常适合在单片机系统中使用，也就是适合与飞控连接。总线是指它可以连接多个设备，这些设备通过一个

Hub与这个总线相连，得到各自的控制信息。

S.BUS使用RS232C串口的硬件协议作为自己的硬件运行基础，使用TTL电平，即3.3V；使用负逻辑，即低电平为“1”，高电平为“0”。波特率为100 000（100K）bit/s，不兼容波特率115 200bit/s。

2. 遥控器对频

遥控器是一种用来远控机械的装置，是多旋翼无人飞机的必备设备。为了熟练使用多旋翼无人飞机遥控器，需要了解遥控器的基本原理、操作手法、各类遥控器的对频操作。

（1）遥控器的基本原理

遥控器是主要用于视距内驾驶员对无人飞机的手控操纵，也有人称其为RC遥控，RC是Radio Control的缩写，意思是“无线电控制”。遥控器是主要用于地面人员对无人飞机进行视距内操纵，也是目前大多数多旋翼无人飞机必备的一条数据链系统。遥控器想达到与无人飞机通信的功能需要有两部分配合完成，即发射器与接收机。遥控发射器就是俗称的遥控器，行业里也叫“控”，如图3-5和图3-6所示。遥控指令是通过杆、开关和按钮，经过内部电路的调制、编码，再通过高频信号放大电路由天线将电磁波发射出去。安装无人飞机上的接收机接收无线电波，将收到的信号进行放大、整形、解码，转为数字信号发送到无人飞机的控制器中。一般，接收机和遥控器是成套购买使用，同品牌同规格的遥控器与接收机对频后基本都可以使用。

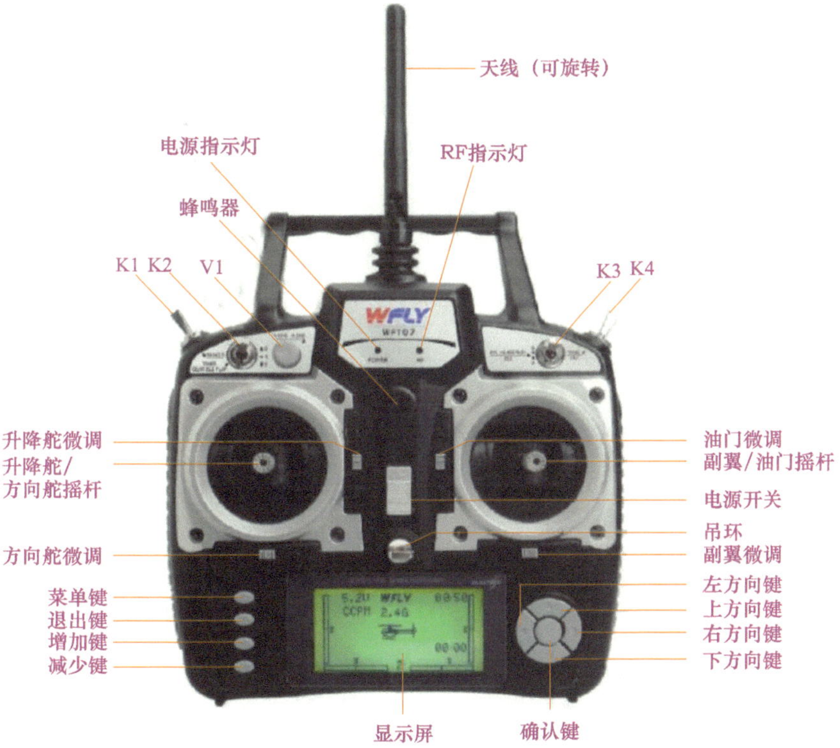

图3-5 天地飞遥控器按键说明

图3-5　天地飞遥控器按键说明（续）

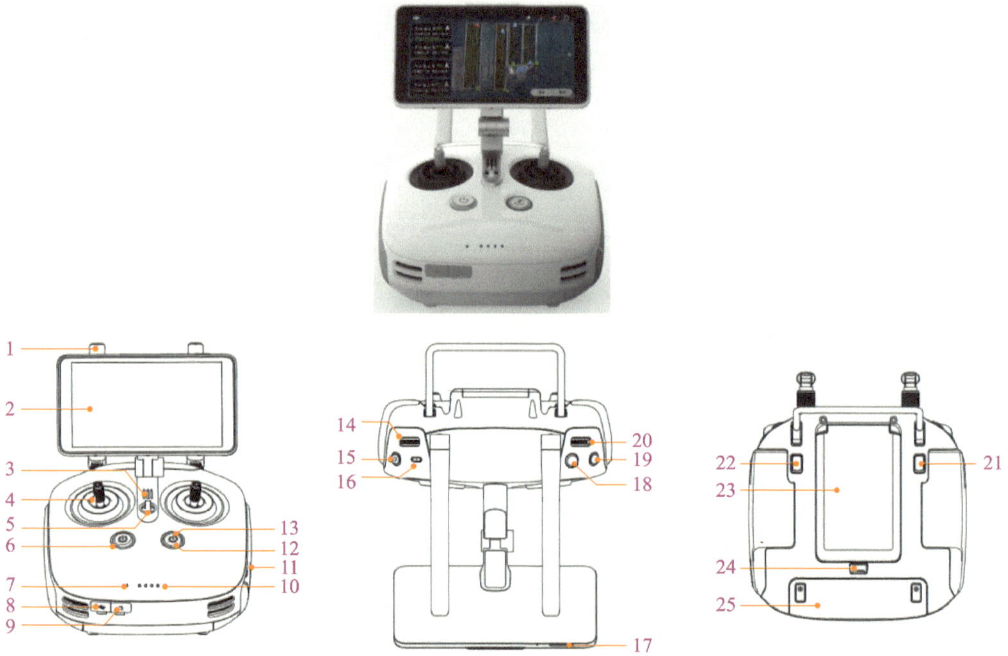

图3-6　大疆 MG-1P遥控器按键说明

1-天线　2-显示设备　3-扬声器　4-摇杆　5-吊带挂钩　6-电源按键　7-遥控器状态指示灯　8-USB-C接口　9-音频接口
10-遥控器电量指示灯　11-SD卡槽　12-返航提示灯　13-返航按键　14-流量调节拨轮　15-喷洒按键　16-急停开关
17-屏幕开关　18-A键　19-B键　20-多机控制切换转盘　21-C1键　22-C2键
23-电池仓盖　24-电池仓盖锁扣　25-上网卡仓盖

（2）遥控器的操作手法

遥控器模式常用的有美国手和日本手，遥控器上油门的位置在左边是美国手，在右边是日本手。美国手遥控器的左遥杆上下控制油门、左右控制为方向舵，右遥杆的上下控制升降舵、左右控制副翼。日本手遥控器的左遥杆上下控制为升降舵、左右控制为方向舵，右遥杆的上下控制为油门，左右控制为副翼，如图3-7所示。

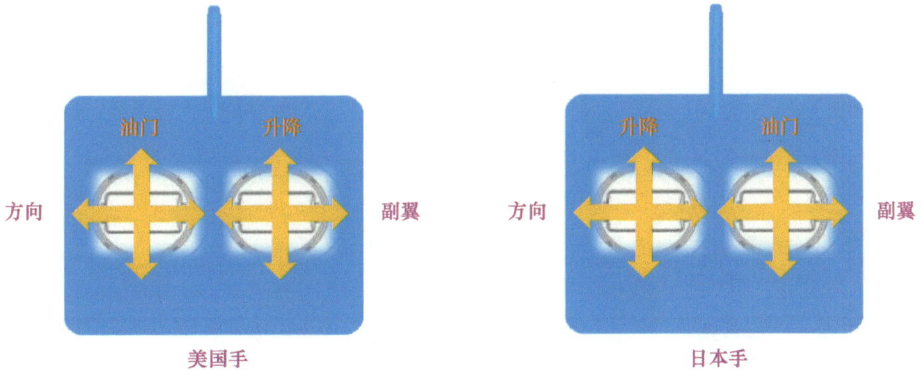

图3-7　遥控器模式

（3）遥控器的控制方式

美国手遥控器操控方式：左摇杆控制飞行高度与旋转方向，右摇杆控制飞机的前进、后退及左右飞行方向。日本手遥控器操控方式：左摇杆控制飞机的前进、后退及旋转方向，右摇杆控制飞机的飞行高度及左右飞行方向，如图3-8和图3-9所示。控制方式见表3-7。

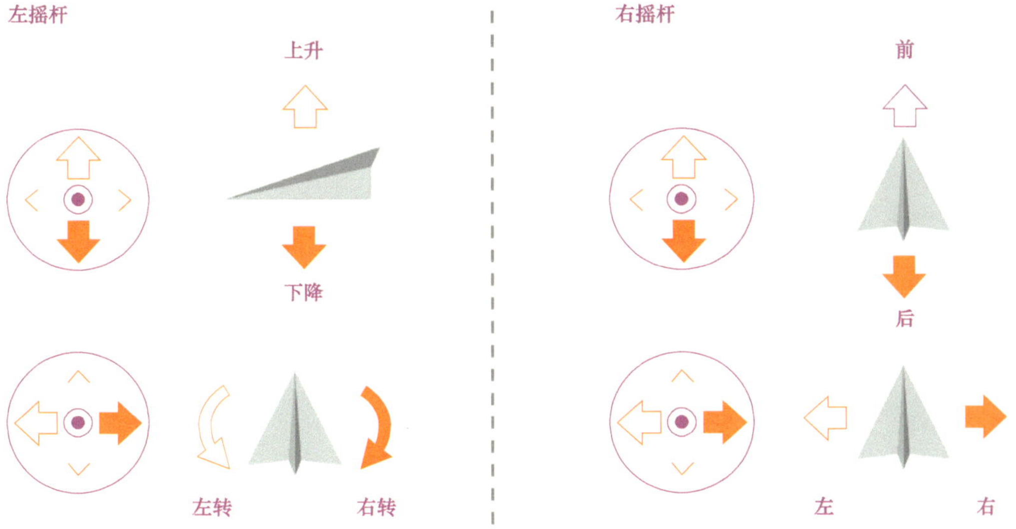

图3-8　美国手操作

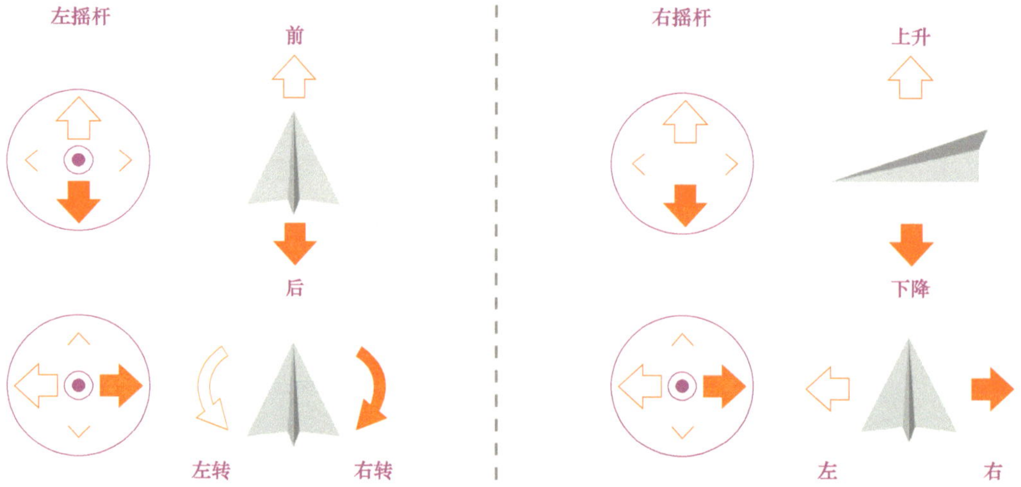

图3-9　日本手操作

表3-7　控制方式

遥控器	飞机（←为机头朝向）	控制方式
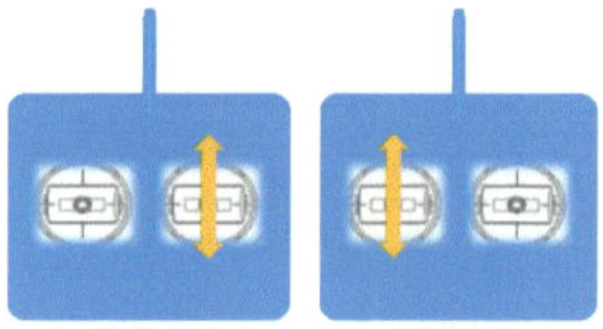 日本手　美国手	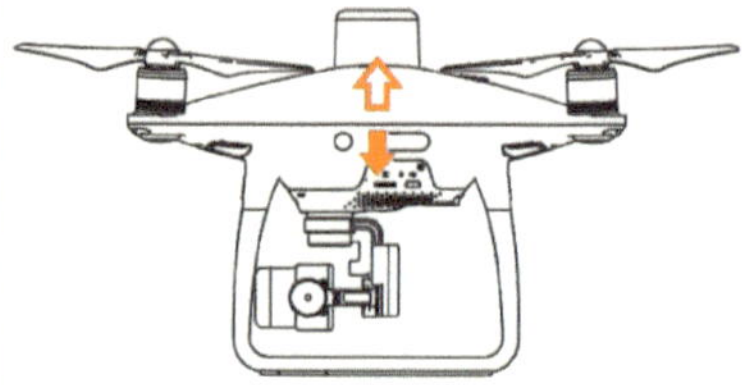	油门杆控制飞机升高和降低
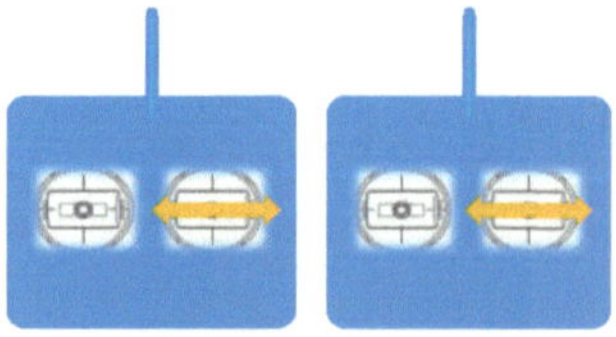 日本手　美国手	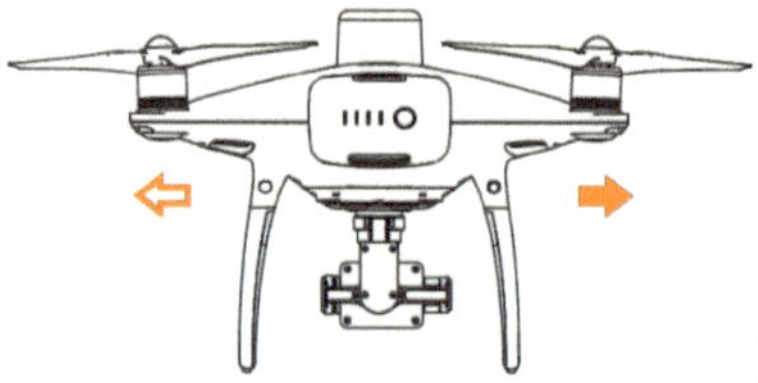	副翼也叫横滚杆，控制飞机左右倾斜飞行
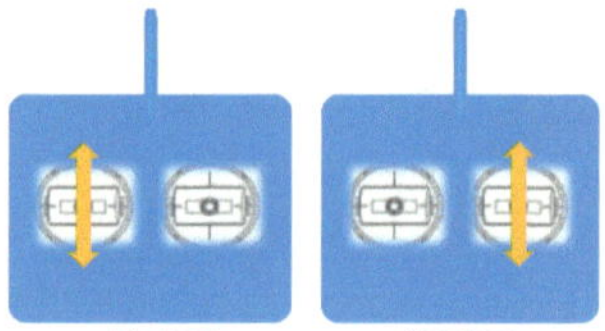 日本手　美国手	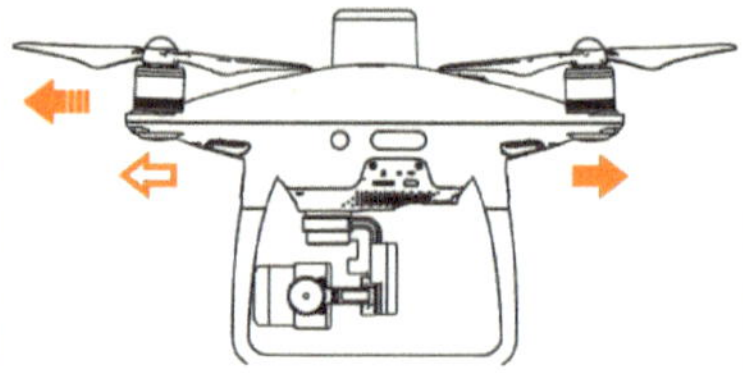	升降舵用于控制飞机前后飞行
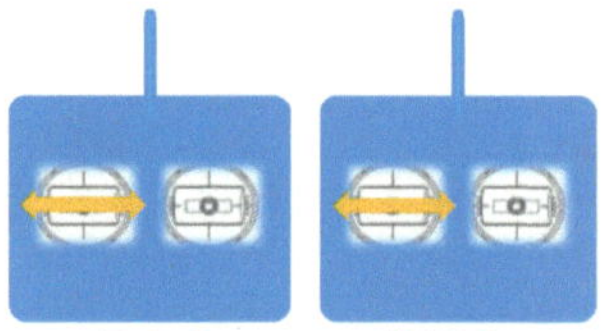 日本手　美国手		方向舵用于控制飞机的航向

（4）遥控器的对频

微型实训多旋翼无人飞机遥控器对频（以富斯 FLYSKY遥控器为例）。

操作步骤	操作说明	示意图
1	将对码线连接到FS-iA6接收机上的B/VCC接口	
2	将电源线连接到接收机上接口	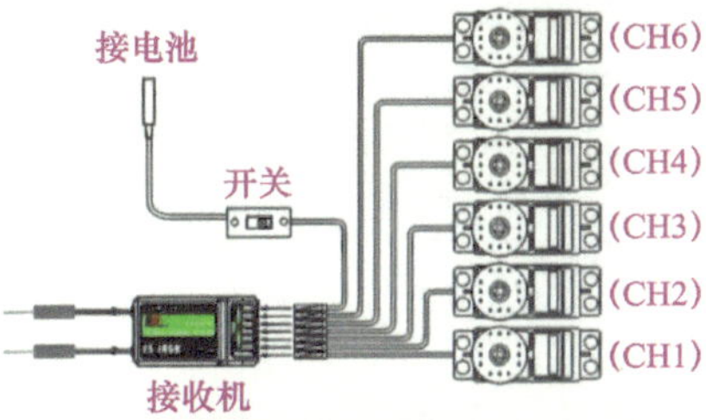
3	打开发射机电源，同时长按发射机“BIND KEY”键，进入对码状态。如果对码成功则发射机自动退出对码界面	
4	对码成功后，将对码线和电源从接收机上断开，然后重新将电源线连接到B/VCC接口	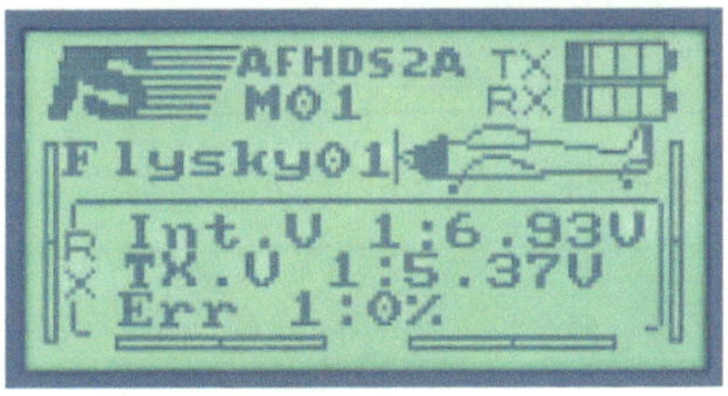
5	检查发射机、接收机、模型是否正常工作	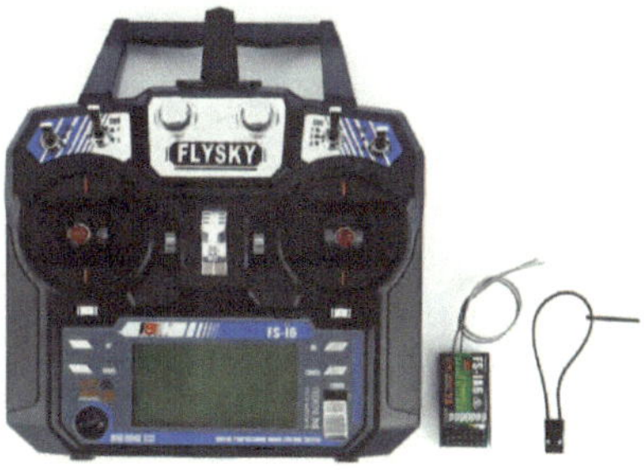

多旋翼植保无人飞机遥控器对频（以大疆MG 1-P遥控器为例）。

操作步骤	操作说明	示意图
1	开启遥控器，确保显示设备已经运行App，然后连接飞机电源	
2	单击“执行作业”进入作业界面，点击“更多”中的遥控器图标。首先选择对频设备为“飞行器”，然后点击“单机对频”，最后点击“开始对频”。App显示对话框，遥控器状态指示灯蓝灯闪烁，并且发出“嘀嘀”提示音，表示进入对频状态	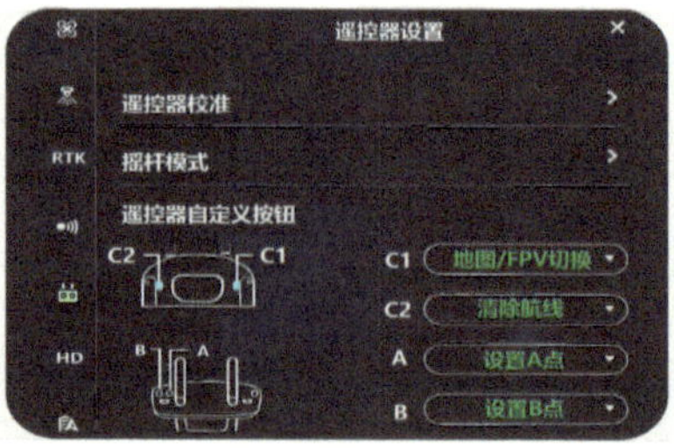
3	使用合适的工具按下对频按键，松开按键并等待数秒	
4	对频成功，遥控器指示灯及飞机对频指示灯均为绿灯常亮	

多旋翼植保无人飞机遥控器对频（以FUTABA T14SG遥控器为例）。

操作步骤	操作说明	示意图
1	打开遥控器电源，同时为接收机接通电源。由于目前遥控器和接收机还不是一对，接收机接收不到正确信号，其指示灯会呈现红灯慢闪状态	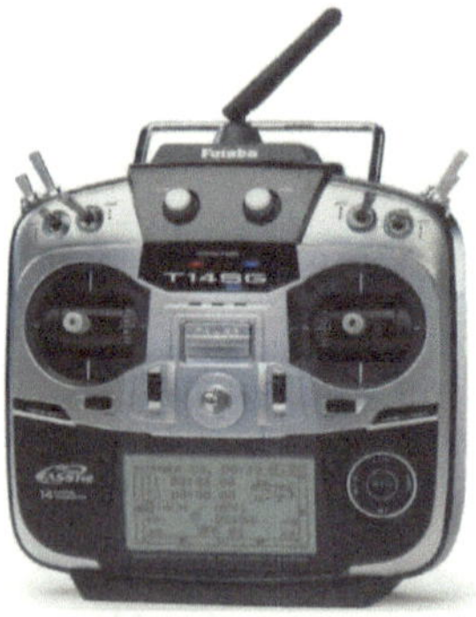

（续）

操作步骤	操作说明	示意图
2	此时，接收机断电，将遥控器调到LINK模式，点击菜单后听到“嘀嘀嘀”响声，遥控器进入对频状态	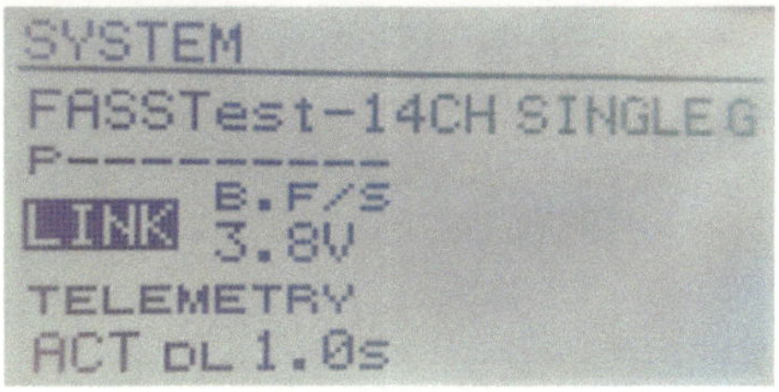
3	接收机通电，接收机将收到遥控器发射过来的信号，接收机指示灯由红灯慢闪变为绿灯常亮状态	
4	关掉遥控器，检查接收机指示灯是否变为黄灯。再打开遥控器检查接收机，如绿灯常亮，则对频成功	
5	对频成功后，遥控器菜单界面恢复到初始界面。这时可以开始测试与飞行了	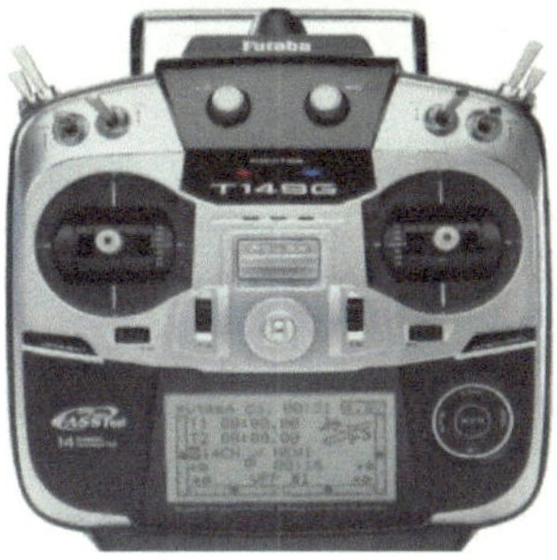

3．调试微型实训多旋翼无人飞机

多旋翼无人飞机的调试工作按阶段可划分为无桨调试和有桨调试两类。顾名思义，无桨调试是指不带桨叶的调试方式。采取这种调试方式虽然不能排除所有的问题，但是可以发现存在的大部分问题，主要优点是在开展调试工作的初期，能避免因桨叶旋转而带来危险。

<table>
<tr><th>操作步骤</th><th>操作说明</th><th>示意图</th></tr>
<tr><td>1</td><td>检查飞控板针脚上的3个标记是否与电调线的颜色对应。除了线序，还要区分电调的顺序，检查电调连接的电机是否连接到对应飞控板的电调针脚上</td><td>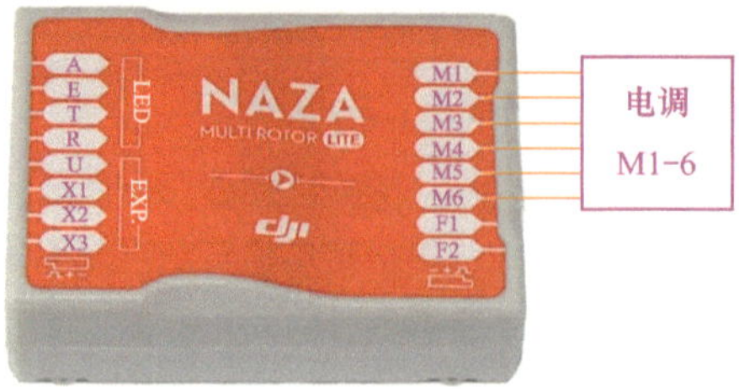
</td></tr>
<tr><td>2</td><td>飞控板与接收机连接线路检查。接收机电源由飞控板提供，检查接收机的通道。接收机的通道是6通道，检查其对应方式是否正确。确认所有连接线路准确无误后，在通电之前测试工作电压，检查插头方向，然后连接电池进行首次通电测试，检查飞控板、电调和电机是否可以正常通电</td><td>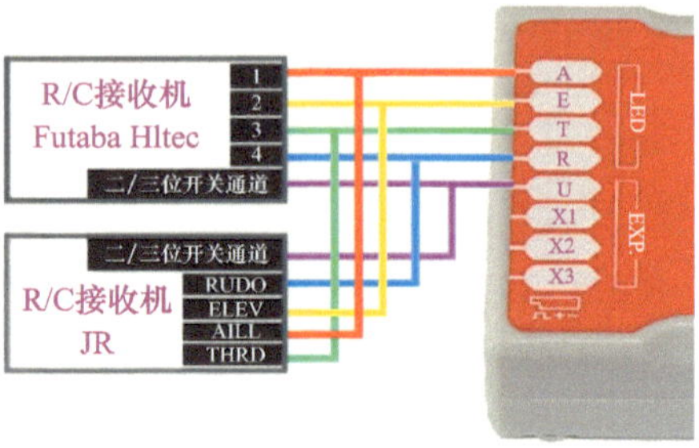
</td></tr>
<tr><td>3</td><td>遥控器CH5通道比例开关和输出比例设置，用于飞行模式切换GPS/姿态/手动模式</td><td>
</td></tr>
<tr><td>4</td><td>检验电机旋转方向。安装NAZA-M LITE调参软件，根据飞机类型界面上相应机型4个电机的旋转方向，测试组装完成的飞机电机转向是否一致。判断电机旋转方向的方法：拿一张纸条的一端，使纸条另一端接触转动的电机，通过查看纸条弯向哪一端来判断电机的转动方向</td><td>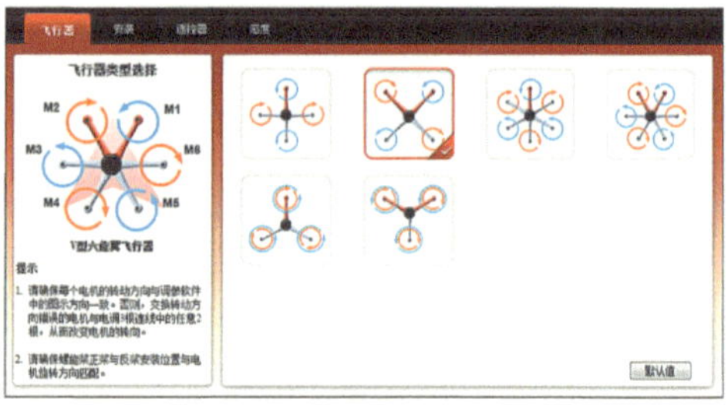
</td></tr>
<tr><td>5</td><td>遥控器校准。油门：滑块向左减小油门，滑块向右增大油门。方向舵：滑块向左机头向左，滑块向右机头向右。俯仰：滑块向左飞机向后，滑块向右飞机向前。横滚：滑块向左飞机向左，滑块向右飞机向右。切换SWC比例开关查看滑块分别移至手动（手动模式）、姿态（姿态模式）、与GPS（GPS姿态模式）并使相应区域变蓝</td><td>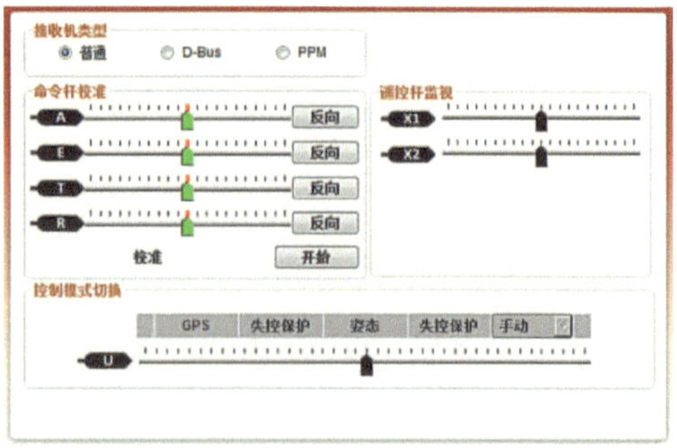
</td></tr>
</table>

（续）

操作步骤	操作说明	示意图
6	马达怠速速度指电机在启动后的最低转速。马达怠速速度设置为低速，电机启动后的最低转速变低。马达怠速速度设置为高速，电机启动后的最低转速变高。启动电机：起飞前直接推油门不会启动电机。必须执行右图四种掰杆动作中的任何一种才能启动电机	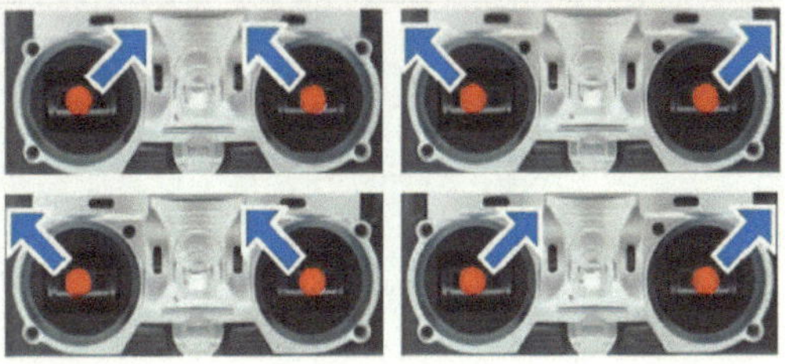
7	电压校准：该栏内的当前电压会在接上动力电池，并将主控和计算机连接后显示当前电池电压。如果调参软件显示的当前电压与使用电压计测得的电池电压不同，需要进行电压校准。单击校准，在弹出的对话框中的校准栏内填入测得的电压值，然后单击“确定”按钮	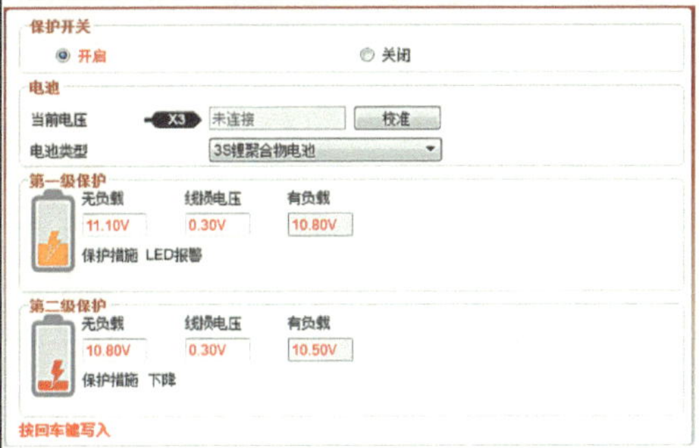
8	指南针校准：在手动模式与GPS姿态模式之间来回快速切换控制模式开关6～10次，LED指示灯黄灯常亮。水平方向旋转飞机(约360°)，直至绿灯常亮，然后进入下一步。垂直方向(机头朝下)旋转飞机(约360°)直至绿灯熄灭，完成校准	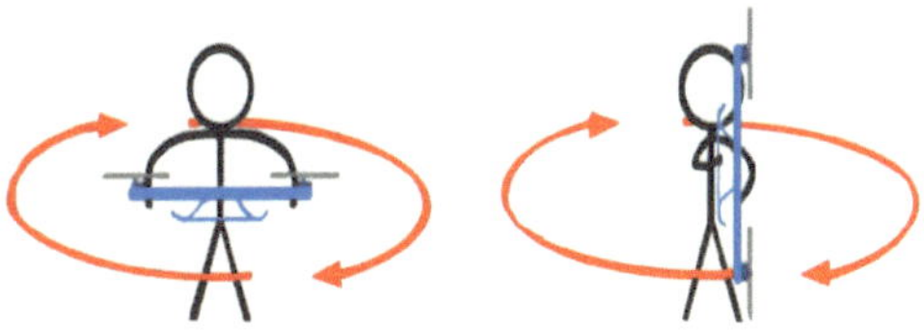
9	在确认一切正常后，就可以接通电源，然后打开遥控器开关，等待遥控器与遥控接收机连接。解锁飞控板后，油门保持最低。缓慢推动飞控板油门，不要移动其他摇杆，注意观察多旋翼无人飞机的起飞状态。如果出现较大的偏斜，马上拉下油门，避免出现意外，并且锁定飞控板，断开电源，然后检查问题所在。排除问题后重新开始测试	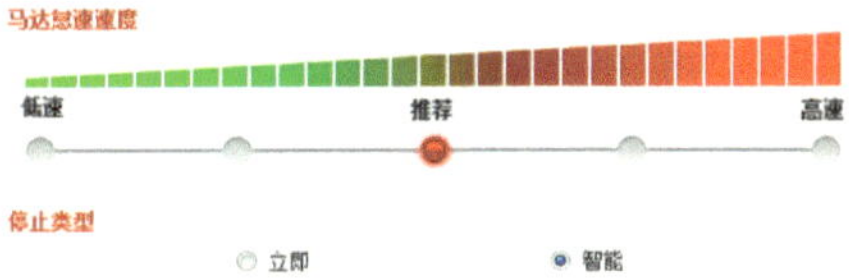
10	测试油门控制无误后，在调试架上测试遥控器在其他通道的使用情况。来回轻微地移动摇杆测试多旋翼无人飞机是否可以按照指令完成相应的飞行。若不能完成相应的飞行，则需要缓慢拉下飞控板油门，让多旋翼无人飞机平稳着陆，然后锁定飞控板，断开电源，解决发现的问题	

4. 调试多旋翼植保无人飞机

<table>
<tr><th>操作步骤</th><th>操作说明</th><th>示意图</th></tr>
<tr><td>1</td><td>安装A3飞控DJI Assistant 2调参软件，打开软件在基本设置中的机架选项中，按照动态图示选择对应的机架类型</td><td></td></tr>
<tr><td>2</td><td>遥控器行程校准①：
在遥控器选项中，选择接收机类型。对遥控器进行行程校准</td><td>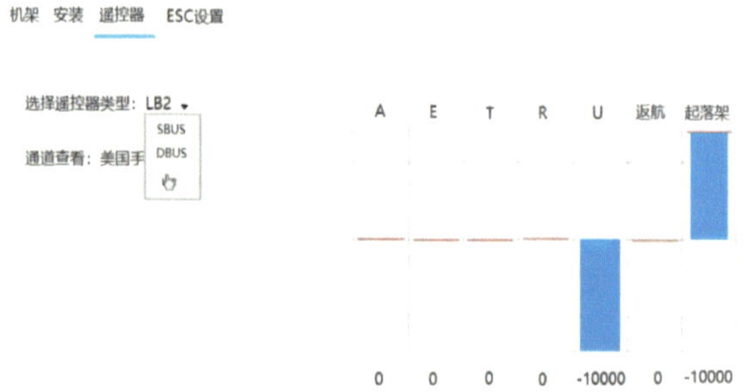
</td></tr>
<tr><td>3</td><td>遥控器行程校准②：
单击页面“校准”，进入校准页面。按照页面提示，分别进行步骤1和步骤2，完成校准。将所有摇杆居中，开关停留在中间档位，如果是两档开关，则停留在任一位置</td><td>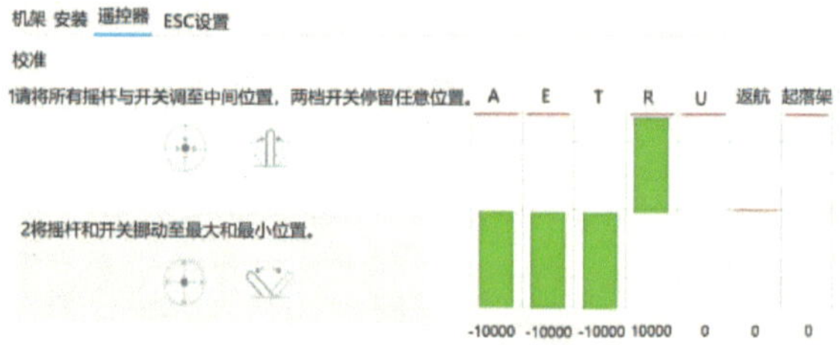
</td></tr>
<tr><td>4</td><td>遥控器行程校准③：
控制所有摇杆至行程最大、最小位置，拨动开关停留在所有档位，确定后单击完成，通道校准完成</td><td>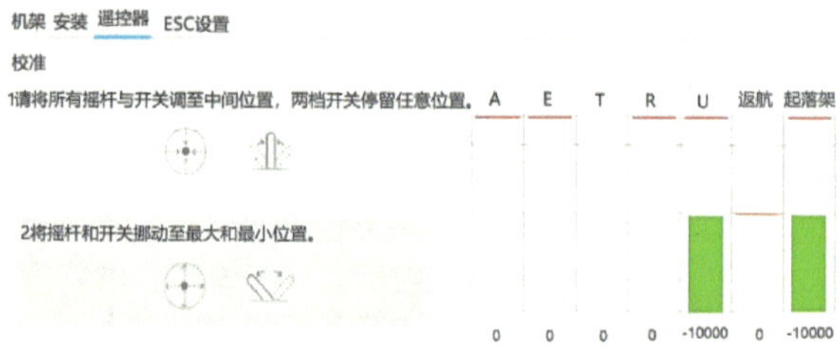
</td></tr>
<tr><td>5</td><td>电机测试①：
进入“ESC设置”页面，选择所使用的电调类型</td><td>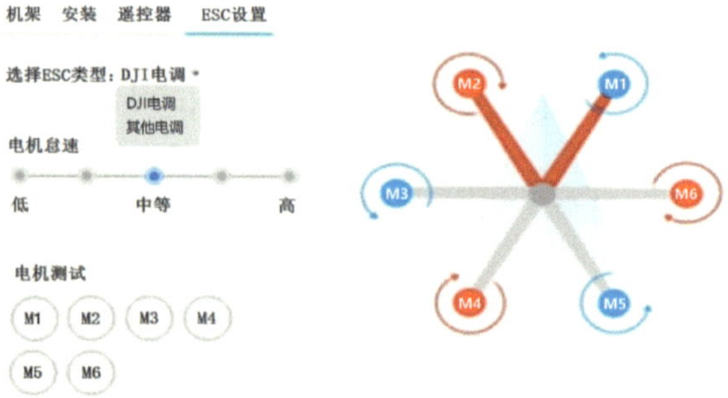
</td></tr>
</table>

（续）

操作步骤	操作说明	示意图
6	电机测试②： 使用“电机测试”功能，确定电机转动方向是否正确	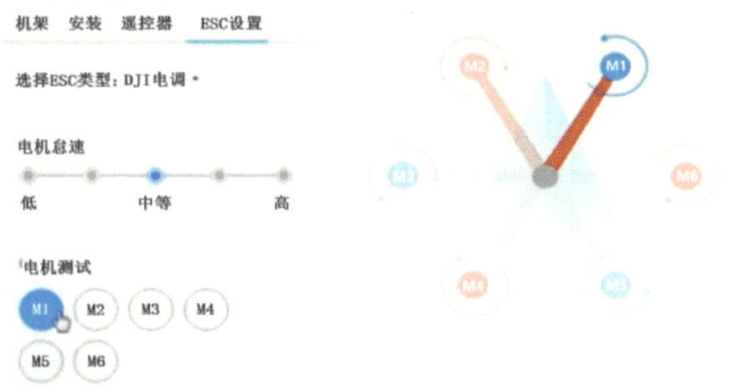
7	IMU多面体校准①： 单击主界面“执行作业”，单击右上角设置图标，滑动参数设置页面至底部选择高级设置，单击传感器，选择多面体，单击校准IMU	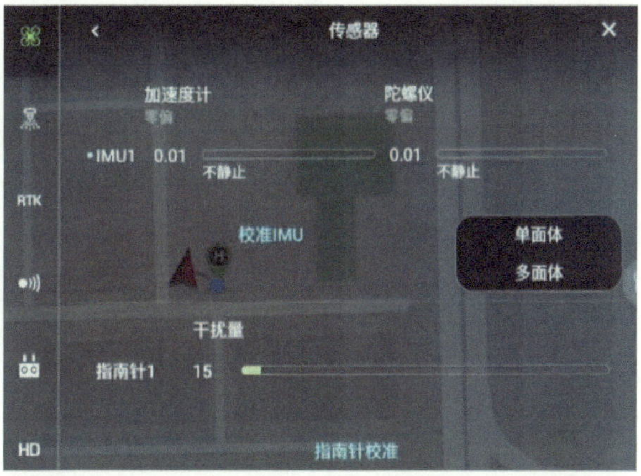
8	IMU多面体校准②： 将植保无人飞机放置在水平地面上，单击开始，等待右下角进度变更	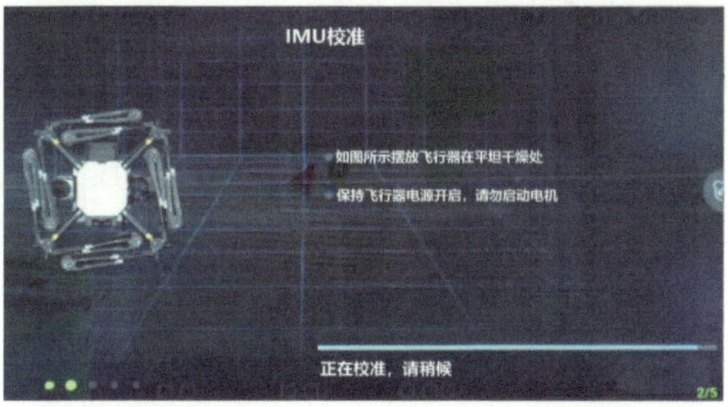
9	IMU多面体校准③： 将植保无人飞机机头朝地面放置，等待右下角进度变更	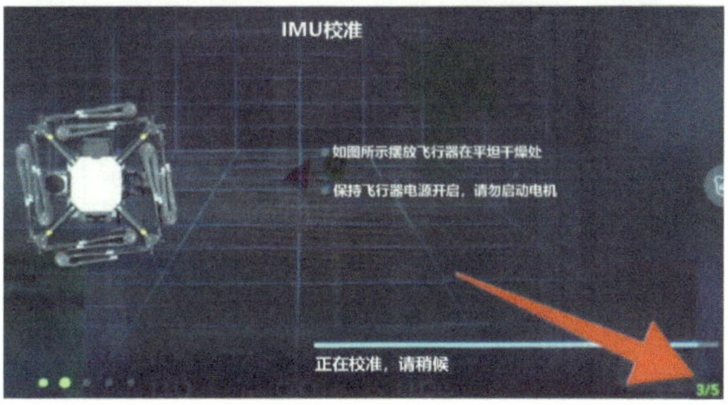

（续）

操作步骤	操作说明	示意图
10	IMU多面体校准④： 将植保无人飞机机尾朝地面放置，等待右下角进度变更	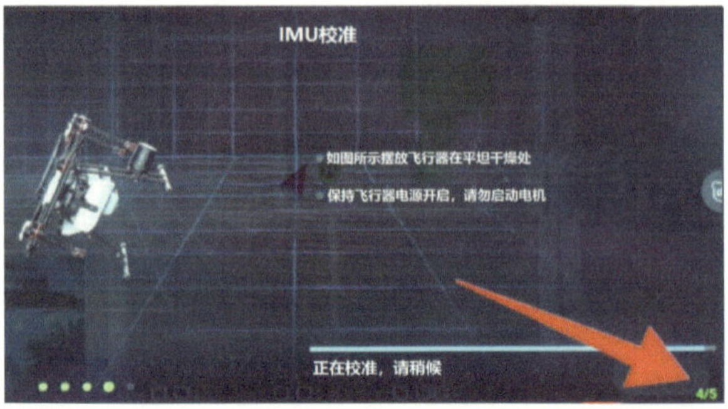
11	IMU多面体校准⑤： 将植保无人飞机右侧朝地面放置，等待右下角进度变更	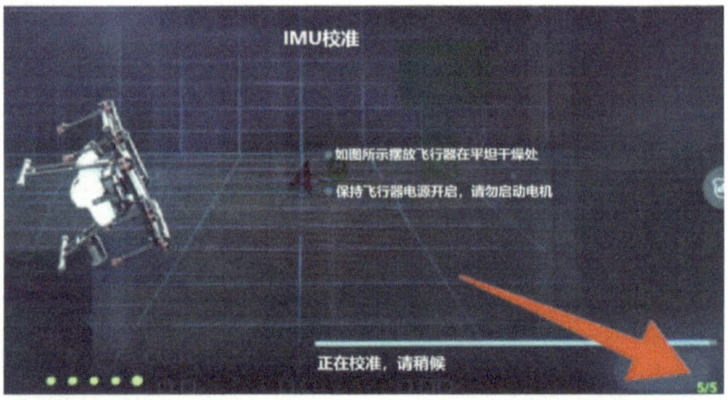
12	IMU多面体校准⑥： 将植保无人飞机左侧朝地面放置，此时界面提示校准成功，请手动重启飞行器，单击“确定”按钮，校准完成	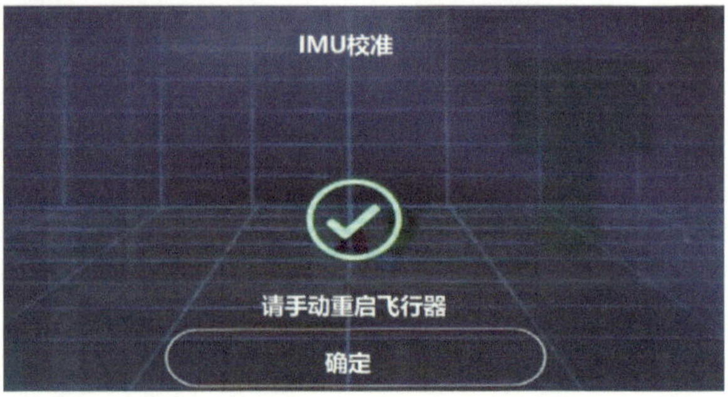
13	流量校准①： 排除管道空气：在作业箱中加入1.5~2L水，开启遥控器，连接飞机电源，拧开4个泄压阀，遥控器操作开启喷洒，直至App提示无药后，自动停止，管道中空气排尽后关闭泄压阀	

（续）

操作步骤	操作说明	示意图
14	流量校准②： 进入液位计标定：在作业箱中加入1L水，单击App作业界面喷洒图标，单击“校准”，在弹出菜单中选择喷嘴型号，开始标定，飞机自动喷洒	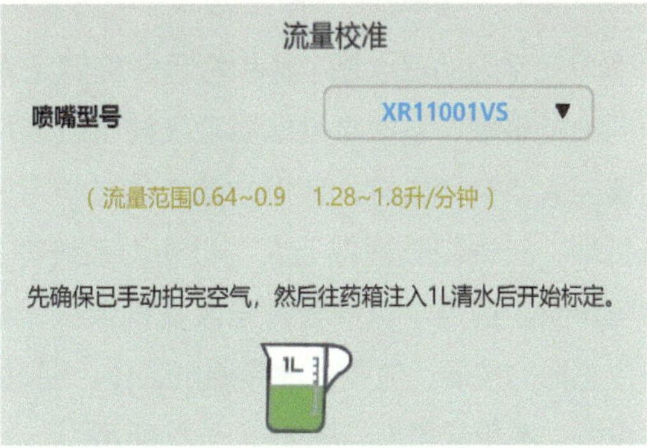
15	流量校准③： 进入液泵流量校准：使用量杯测量1～5L水，加入作业箱，并在App输入水量，单击“开始校准”，飞行器自动喷洒，直至自动进入水泵2接着校准。相同操作完成液泵R校准，直至提示“流量校准完成”，再次排除管道空气	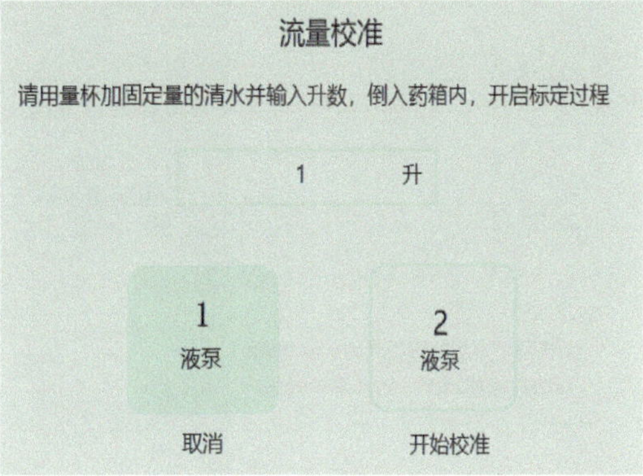

任务评价

评价模块	评价内容与标准	得分
理论知识（30%）	复述PWM和PPM信号的特点（9分）	
	复述遥控器常用操控模式的操作手法（12分）	
	熟知多旋翼无人飞机的调试内容（9分）	
实际操作（50%）	会检查飞控板与接收机连接线路连接（5分）	
	能够对几种常用遥控器和接收机进行对频操作（10分）	
	能够进行指南针、IMU多面体等传感器校准（15分）	
	能够对喷头进行流量校准（10分）	
	能够在有桨状态下测试无人飞机飞行性能（10分）	
安全规定（20%）	无人飞机调试时取下螺旋桨，养成安全调试好习惯（8分）	
	飞机上电前，确认当前飞机与遥控器对频（5分）	
	按流程进行各项任务实施（7分）	
合　计		

单元总结

本单元学习的重点是了解和熟悉多旋翼无人飞机装调的基本原则与步骤、了解无人飞机组装前的准备事项、掌握电机电调及飞控系统的接线方法、掌握多旋翼无人飞机调参步骤、掌握多旋翼无人飞机调参软件使用方法。通过学习多旋翼无人飞机组装，培养正确组装多旋翼无人飞机机架、正确组装植保无人飞机动力系统等各部件的能力，掌握多旋翼无人飞机组装的基本顺序与步骤。通过学习多旋翼无人飞机调试，学会调试飞控组件、电子调速器、遥控器，能够进行传感器的校准、流量校准等调试工作。通过遥控器对频练习，学会几种常用遥控器的对频与通道设置。本单元思维导图如图3-10所示。

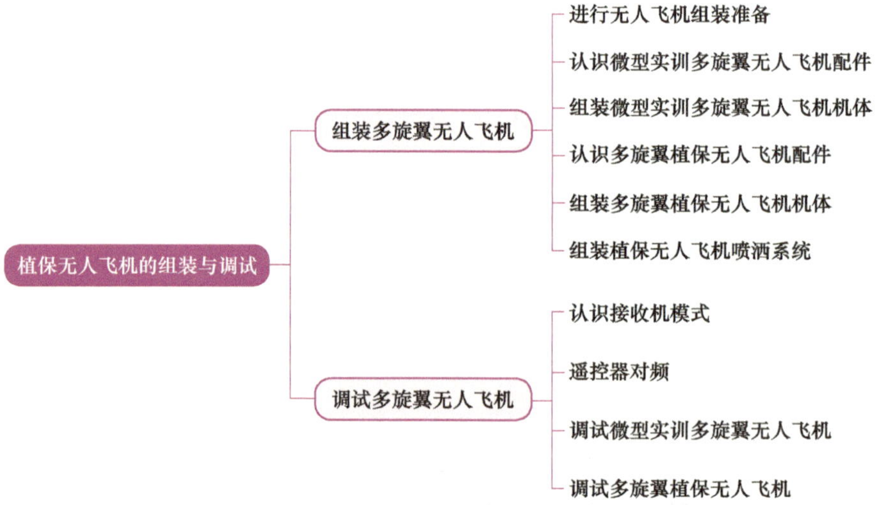

图3-10 思维导图

Unit 4

单元 4 植保无人飞机的作业准备

单元概述

1. 职业技能等级证书技能要求

植保无人飞机应用职业技能等级标准植保无人飞机作业准备部分，见表4-1。

表4-1 职业技能等级标准植保无人飞机作业准备

工作任务	职业技能要求
飞行准备	◆ 能按照安全操作规范，检查无人飞机状态完好 ◆ 能按照操作手册要求，检查无人飞机电池、地面站电池的电量符合要求 ◆ 能按照操作手册要求，检查飞行信号灯状态正常 ◆ 能依据操作手册要求，调试遥控器工作频率，保证频率一致 ◆ 能按照操作手册要求，校准辅助定位系统
作业区块准备	◆ 能按照作业要求，观察作业区地理情况，设置植保无人飞机的飞行高度、速度、喷幅宽度、喷雾流量等参数 ◆ 能按照操作手册要求，检查作业区块，确定障碍物位置，选定起降场地 ◆ 能按照操作手册要求，根据作业区块，做好作业航线规划 ◆ 能按照安全操作规范，根据现场作业环境，选择紧急迫降点（必须远离人群）
农药准备	◆ 能按照农药安全使用要求，对作业区块的温度、湿度、风向、风速等进行判断，选择适当的喷洒方式 ◆ 能按照农药安全使用要求，根据气候差异确定合理施药时间 ◆ 能按照农药安全使用要求，对植保用药进行正确灌装，测试农药喷洒状况，同时做好个人防护

2. 知识引入

植保作业环境复杂，有许多对植保无人飞机安全飞行造成影响的不利因素，因此在植保无人飞机作业之前，需要提前做好准备工作，确保作业的安全。其中，天气情况是植保无人飞机作业过程中必须要考虑的重要因素。恶劣的天气会影响植保无人飞机的飞行效率和作业效果。施药条件应考虑天气条件、气温、风速等。下雨天作业，会将喷洒在作物表面的农药冲刷掉；在35℃以上的气温施药，会蒸发药物；大于4级风力条件下作业，会导致药物的漂移。作业前也需要关注露水的情况，避免影响药效。农田中有许多例如树木、高压线、斜拉索、电线杆等障碍物，会增加植保无人飞机的作业难度。同时，在农村有许多老百姓对植保无人飞机比较好奇，每当植保作业的时候，总能够引起附近人群的围观，这也带来一些不必要的安全隐患。因此，我们必须提前做好充足的准备工作，以确保作业安全。

本单元包含飞行准备、作业区块准备、农药准备等内容。主要学习植保无人飞机作业前需要检查的内容，包括飞行环境、机体部件、喷洒系统等检查；学习作业参数设置、地块规划与编辑方法，讨论农药选取原则、药液调配方法、施药条件影响、安全防护等方面的知识与技能。

任务1 飞行准备

任务情境

植保无人飞机飞行性能直接影响植保作业的效果，而做好植保无人飞机作业前的各项准备工作，对于延长无人飞机使用寿命，提高其作业安全性和作业效率至关重要。每次植保无人飞机作业前，都需要对飞行环境进行全方面检查，包括飞行前查询相关法律法规，并取得飞行许可；检查飞行周围环境，远离人群；检查障碍物和地形；查询作业前后天气情况，并避免在露水过重、雨天和暴晒天进行喷洒；检查周边敏感区，避免对邻近地块的动植物产生农药危害。对植保无人飞机机体进行细致检查，包括机臂检查、螺旋桨检查、电机检查、电池检查、脚架检查、喷头检查、软管检查、药箱检查等内容。检查遥控器上的GPS信号，并校准遥控器和指南针。这一过程的每一项检查都需要耐心和细致的操作，以确保植保无人飞机状态正常。

学习目标

1．知识目标

1）了解飞行环境检查的内容。

2）了解植保无人飞机机体检查步骤与方法。

3）掌握遥控器校准步骤与方法。

4）掌握指南针校准步骤与方法。

5）掌握喷洒系统检查步骤与方法。

6）熟悉检查的安全注意事项。

2. 能力目标

1）能够正确全面地检查植保无人飞机飞行环境。

2）能够正确检查机臂、螺旋桨、电机、电池、脚架等部件。

3）能够正确检查喷头、软管、药箱等喷洒系统部件。

4）能够正确检查和校准遥控器。

5）能够正确完成校准指南操作。

任务分析

为确保安全作业，在作业前进行飞行环境检查。不仅要检查飞行区域的障碍物，还需要检查周围人员情况，不能在有人员的区域进行植保作业，作业内容符合相关法律法规，以确保合法安全飞行。检查螺旋桨安装牢固，无松动脱落；检查电机转动是否顺畅、无堵转、无异响，确保安装牢固；检查机臂有无松动；确保喷头朝下，无松脱，无损坏，拧紧螺钉；检查软管安装是否牢固，长度是否合理；确保脚架的安装牢固，无损坏；确保飞机和遥控器电量充足，固定牢固。检查遥控器屏幕上的GPS信号是否良好，校准遥控器；在开阔地进行指南针校准；检查作业箱、软管和喷头有无漏夜，工作是否正常。

任务实施

植保无人飞机飞防作业一般是完成农药喷洒任务。植保无人飞机作业前，必须详细检查无人飞机的螺旋桨叶、电机、机臂、喷头、软管、脚架、水箱、滤网、电池、指南针、遥控器、作业状态显示板、喷洒系统等部件。检查飞机电池、遥控器电池已经固定且电量充足，喷洒所需药液充足。确保所有部件安装稳固，所有连线正确牢固。确保电机和螺旋桨安装正确稳固，且能正常工作，所有机臂和螺旋桨均已完全展开，机臂套筒已锁紧，确保喷洒管道无堵塞、无漏夜。测试喷头是否正常工作，若喷头无法正常工作，有可能是由管道内有气泡导致的。将喷头侧面的泄压阀旋开，让液泵处于工作状态。排出气泡后，旋紧泄压阀，即可使喷头正常工作。

1. 检查飞行环境

操作步骤	操作说明	示意图
1	飞行前查询相关法律法规，并取得飞行许可	
2	远离人群：检查周围环境，在空旷和视距范围内飞行，请勿在人群上方飞行，远离高层建筑	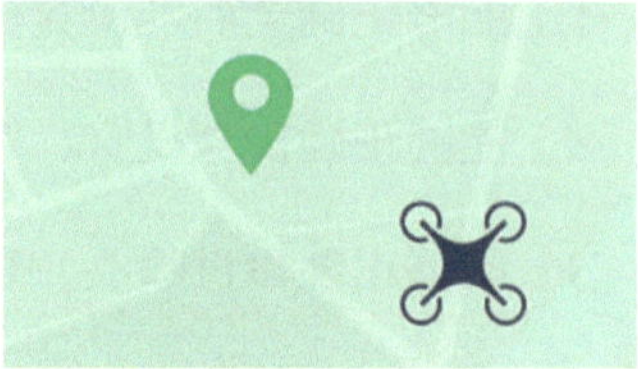
3	检查障碍物和地形：检查作业区内影响安全飞行的树木、电杆、电线等障碍物，并标记。 注意无人飞机行进路线上的地形变化，避免在飞行过程中出现摔跤、滑倒等问题	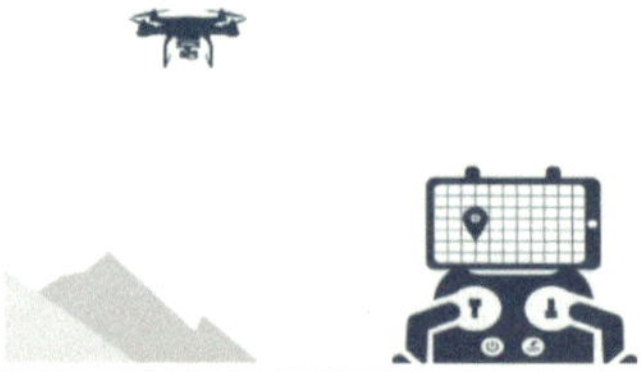
4	查询作业前后天气情况，并避免在露水过重、雨天和暴晒天进行喷洒。 风速尽量在5m/s之内，晴天或者阴天。气温在20～30℃，高于35℃停止作业。内吸性农药施药后保证12小时内无降雨，化学农药保证24小时、生物农药保证2～3天内无降雨	
5	检查周边敏感区：植保作业具有飘移性，在作业前应了解邻近下风向地块的种植、养殖情况，如果喷洒药物有可能对邻近地块的动植物产生危害，则停止作业或风向改变后再作业	

2. 检查机体部件

操作步骤	操作说明	示意图
1	检查螺旋桨： 桨叶全部展开，确保无损坏，确保螺旋桨安装牢固，螺钉锁紧无松动脱落。如螺旋桨安装不规范，易产生振动甚至使机身晃动	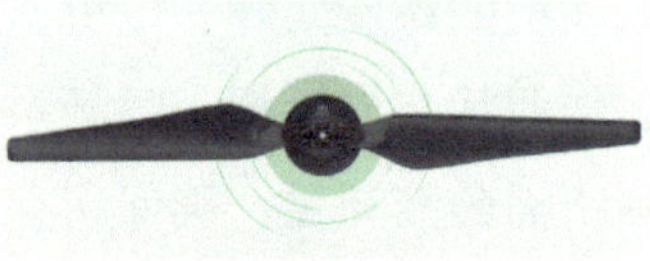
2	检查电机： 检查电机转动是否顺畅、无堵转、无异响，确保安装牢固，螺钉没有松动，转动方向正确。如有杂音或旋转阻力过大，电机可能损坏，则需更换电机	

（续）

操作步骤	操作说明	示意图
3	检查机臂： 按压机臂，检查是否有松动，拧紧螺钉，锁紧套筒	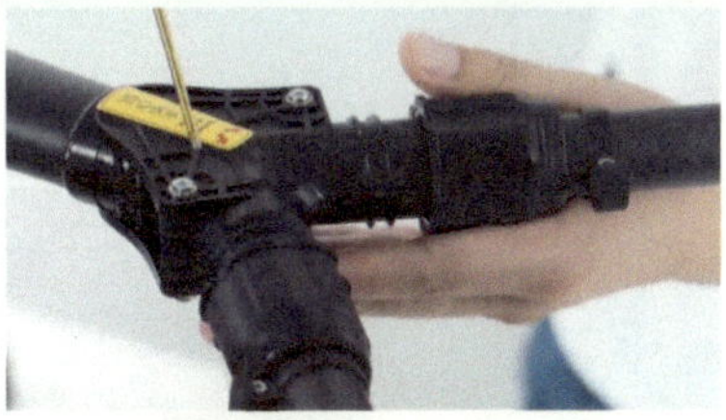
4	检查喷头： 确保喷头朝下，无松脱，无损坏，拧紧螺钉。取出过滤网，检查有无堵塞、漏液现象。若堵塞需清洗过滤网与喷头，堵塞严重需更换过滤网与喷头	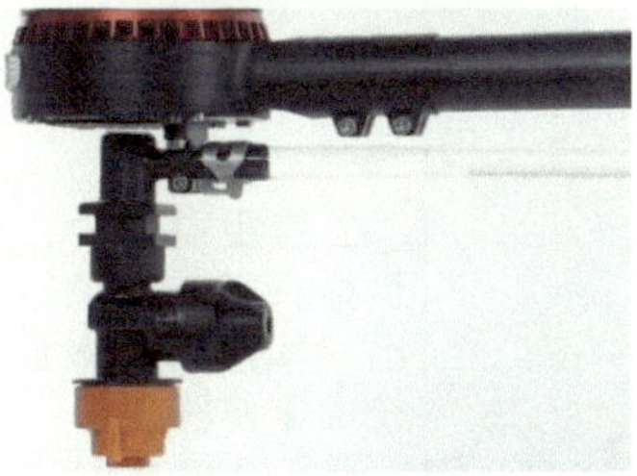
5	检查软管： 确保软管与三通接头安装牢固、软管的长度合理。如存在问题需及时更换，避免在空中发生爆管而产生药害	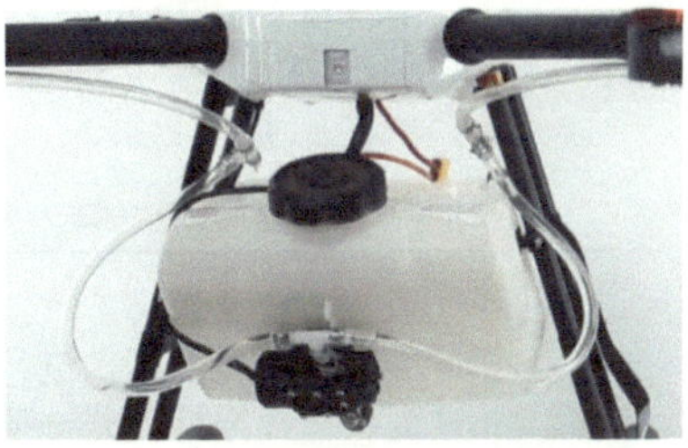
6	检查脚架： 确保脚架安装牢固，无损坏，拧紧固定螺钉	
7	检查药箱： 确保药箱安装牢固，无破损，拧紧两侧固定螺钉。取出水箱下方的过滤网，检查有无堵塞、漏液现象。确认药箱是否清理干净，如存在药物残留，有可能发生药物混合反应而降低药效，甚至产生药害	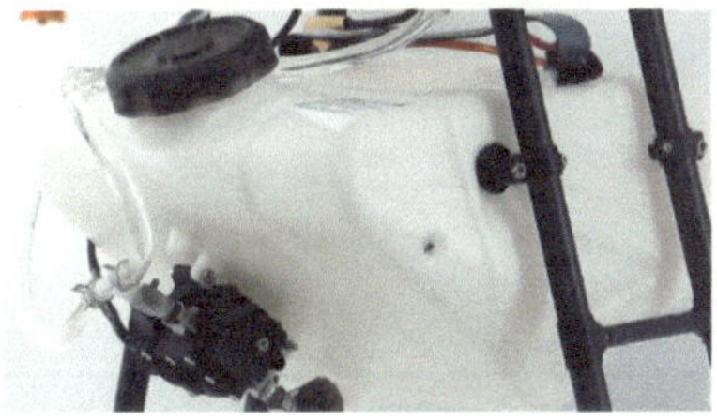
8	检查电池： 检查电池是否有破损、膨胀、漏液情况，如有必须立即隔离存放，不得靠近易燃物品。确保飞机和遥控器电量充足，电池已固定牢固	

3．检查遥控器

操作步骤	操作说明	示意图
1	检查遥控器屏幕上的GPS信号是否良好	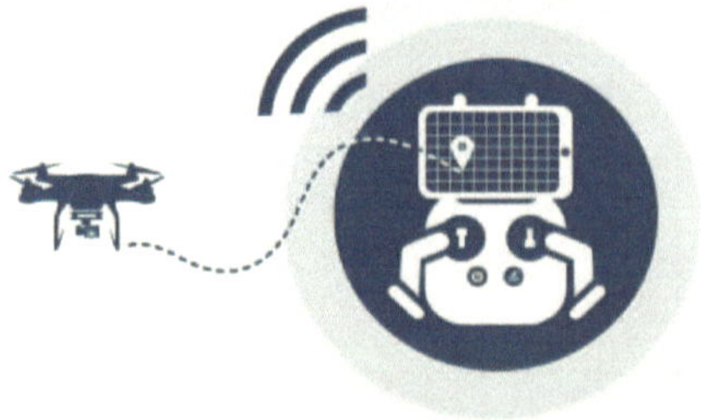
2	在使用过程中，当遥控器开机摇杆不在中位时，会持续发出“嘀嘀嘀”报警，此时需要校准遥控器。 遥控器校准①： 在植保无人飞机保持未上电的情况下，在主界面中单击“执行作业”	
3	遥控器校准②： 单击右上角图标，进行遥控器设置，选择摇杆模式→确认摇杆模式。在每次作业前，必须确认摇杆模式。更改摇杆模式后，启动电机时应降低油门，查看摇杆模式是否正确	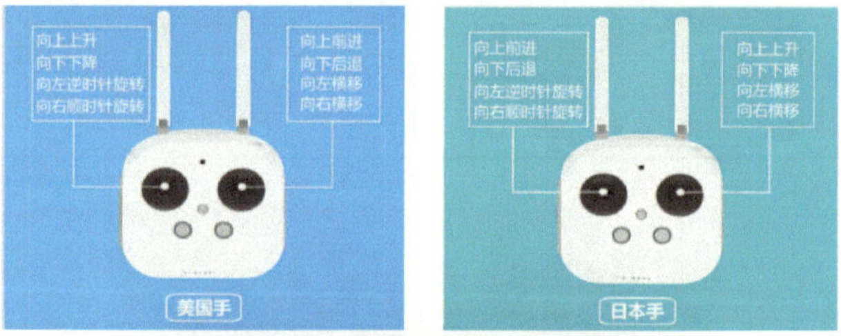
4	遥控器校准③： 单击右上角图标，进行遥控器设置，选择遥控器校准→立即校准	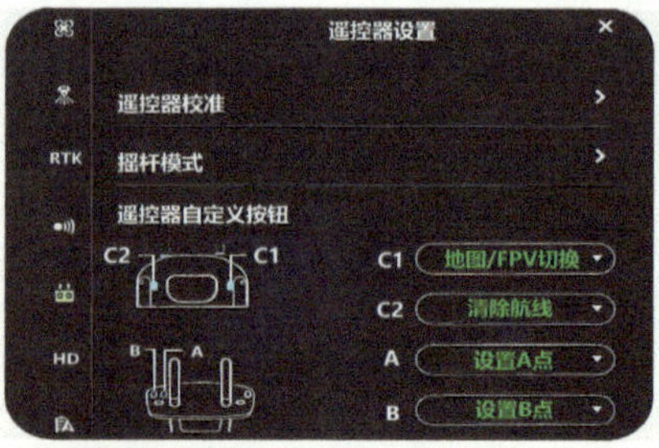
5	遥控器校准④： 按照提示，推动所有通道摇杆到最大工作范围，并重复几次。拨动遥控器左边的拨轮并重复几次，单击完成，遥控器校准完成	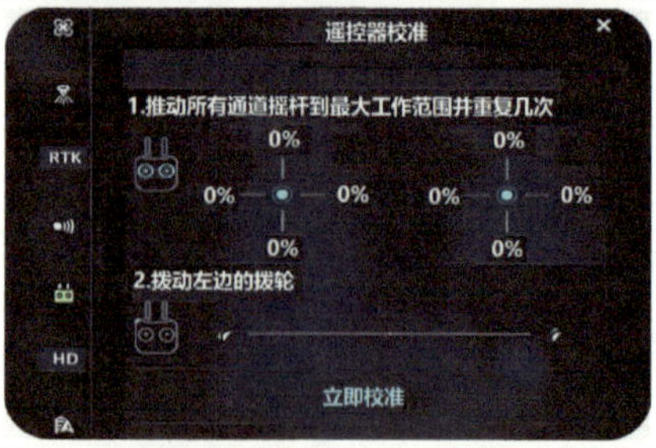

4．校准指南针

操作步骤	操作说明	示意图
1	选择开阔场地，在作业箱中无液体情况下进行指南针校准，单击主界面“执行作业”	
2	单击右上角设置图标，滑动参数设置页面至底部，选择高级设置，单击传感器，选择多面体，单击校准IMU	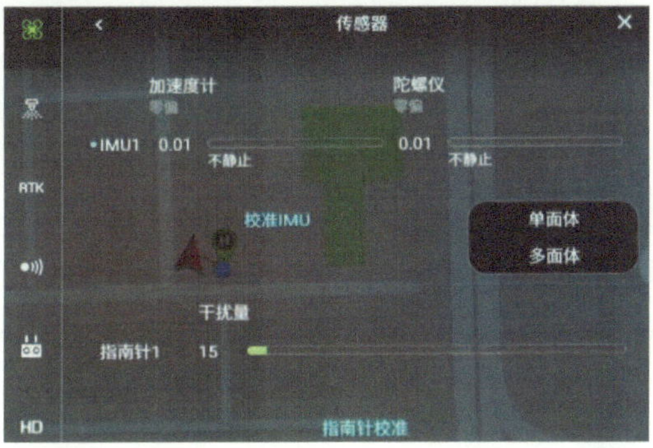
3	飞机状态指示灯黄灯常亮，启动指南针校准程序。水平旋转飞机360°，绿色状态指示灯常亮，则使飞机机头朝上，水平旋转360°	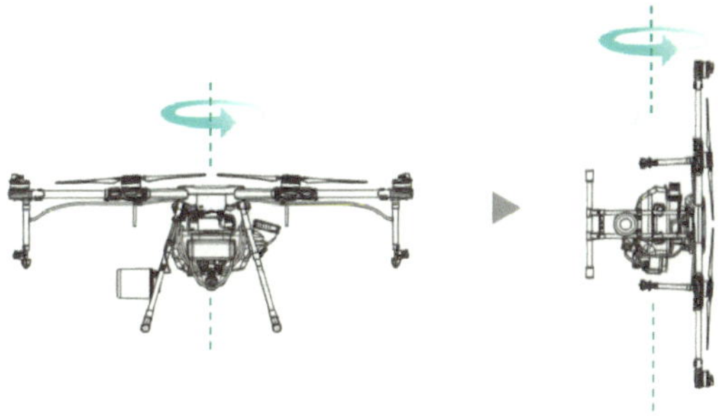

5．检查喷洒系统

操作步骤	操作说明	示意图
1	加入药液，检查作业箱、软管和喷头有无漏液现象	

（续）

操作步骤	操作说明	示意图
2	按下遥控器上的“喷雾”按键，排出喷洒系统软管内的空气	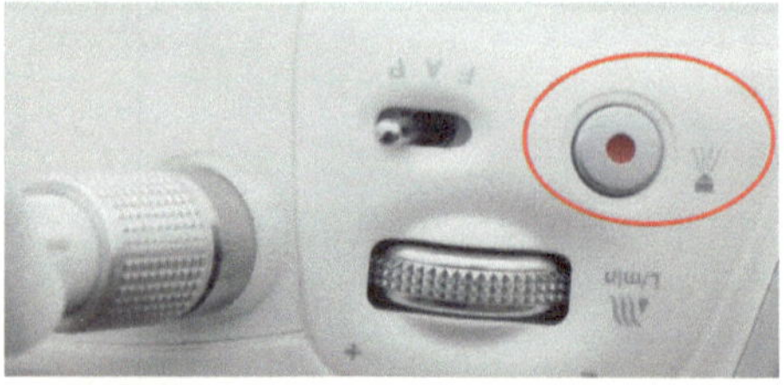
3	开始喷洒药液，检查喷洒系统是否能正常喷雾	

观察作业区周围环境，注意远离人群，启动电机进行试飞。在飞行过程中集中注意力，确保飞机在操控手前方并保持一定距离。降落后，将油门拉到最低位并保持3秒以上，关闭电机，再依次断开电源插头、通信插头，并关闭遥控器。

任务评价

评价模块	评价内容与标准	得分
理论知识（30%）	复述植保无人飞机飞行环境检查内容（8分）	
	复述植保无人飞机机体检查内容与流程（12分）	
	熟知植保无人飞机喷洒系统检查的步骤与方法（10分）	
实际操作（50%）	飞行环境检查正确、全面，准备工作有序（10分）	
	机体及部件的检查操作正确，没有遗漏部件（10分）	
	喷头、软管、药箱等喷洒系统部件检查正确（10分）	
	能够正确检查和校准遥控器（10分）	
	能够正确完成校准指南针操作（10分）	
安全规定（20%）	正确使用工具，检查作业区内影响安全飞行的因素（8分）	
	了解下风向地块的种植、养殖情况，避免产生危害（7分）	
	按流程进行各项任务实施（5分）	
合　计		

任务2 作业区块准备

任务情境

航线规划是在作业区域的各个边角设置航点，通过多个航点即可将作业区域完整地覆盖在内。植保作业前，需根据作业区域地理情况，设置植保无人飞机的飞行高度、速度、喷幅宽度、喷雾流量等参数。一般需要提前到达作业地块，飞手应熟悉地形，规划航线，检查规划的飞行航线路径有无障碍物，如电杆、电线、树木等，如果作业区内存在障碍物，则在航线规划时需要提前将障碍物规划好，使航线避开障碍物，避免摔机。

学习目标

1. 知识目标

1）掌握作业高度的含义与参数设置原则。

2）掌握飞行速度的含义与参数设置原则。

3）掌握喷幅与行距的含义与参数设置原则。

4）掌握飞行规划步骤与方法。

5）掌握遥控器规划步骤与方法。

2. 能力目标

1）会设置相关作业参数。

2）能够拿着遥控器进行遥控器规划操作。

3）能够按照程序完成飞行航线规划。

4）能够按照程序进行设置防撞安全距离和紧急迫降点。

5）能够按照要求调整航线、编辑相关参数。

任务分析

根据地块形状的不同，地形越规整，所需要设置的航点越少，相反就需要越多的航点来覆盖整个区域。作业参数包括作业高度、飞行速度、喷幅与行距等，在确定参数时需要考虑药剂、环境、作业、标靶等实际情况。本任务学习作业参数设置原则、航线规划中的飞行规划与遥控器规划，地块规划后调整航线、设置防撞安全距离、设置紧急迫降点等内容。

任务实施

1．设置作业参数

（1）确定作业高度

植保无人飞机作业应保持相对适当的作业高度范围，如果作业高度过高，容易造成药液飘移与蒸发加剧；作业高度过低，则造成漏喷现象。压力式扇形喷嘴具有中间多两侧少的特点，相邻喷嘴应保持喷幅30%以上重叠区域才能保障喷洒均匀，如图4-1所示。

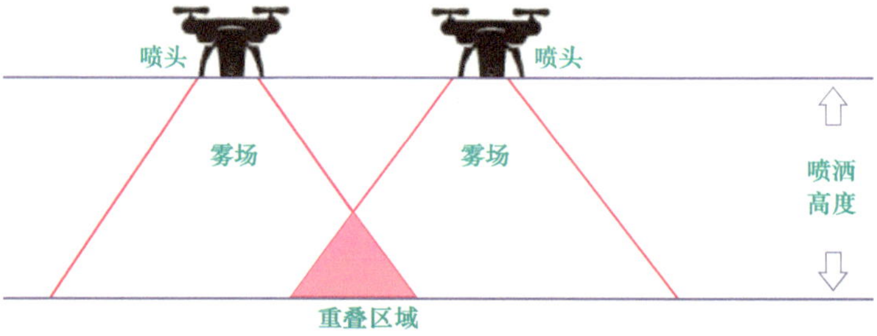

图4-1　扇形喷嘴的喷幅重叠区域示意图

飞行高度需结合药物特点、施药对象及周围环境进行选择，原则上最高不得超过植物顶端3m，对于药液漂移对周围环境影响较大的或者待作业植物有特殊要求的，飞行高度应该酌情调整。一般，植保无人飞机两侧喷嘴的喷洒雾场能够得到有效重叠的高度，就是比较合理的作业高度。对于易倒伏作物、地面风沙较多地区，适当增加作业高度；而对靶标在作物中下部、风力达到3级时，可适当降低作业高度。

（2）计算飞行速度

植保无人飞机作业飞行速度会影响雾滴穿透性和飘移性。随着作业速度的提高穿透性将会降低，雾滴在作物中下部的沉积减少，而雾滴的飘移将会增加。应根据风速（力）和施药器械喷洒部件确定有效喷幅，并测定喷头流量，按式（4-1）计算出作业时的飞行速度：

$$V=\frac{Q}{q \times B}\times 10 \tag{4-1}$$

式中　V——飞行速度，单位为米/秒（m/s）；

Q——喷头流量，单位为毫升/秒（mL/s）；

q——施药液量，单位为升/公顷（L/hm^2）；

B——喷雾时的有效喷幅，单位为米（m）。

一般飞行速度设置为3～6m/s匀速飞行，如水稻、小麦等大田作物，早期预防性作业的飞行速度约为5～6m/s，正常作业的飞行速度约为4～5m/s，病虫害危害较重时飞行速度为3.5～4m/s。对于玉米、茶树等高秆或密集作物，早期预防性作业的飞行速度为4～5m/s，中期预防性作业的飞行速度为4～4.5m/s，中期病虫害危害较重时的飞行速度为3m/s。

（3）调整喷幅与行距

有效喷幅与行距相等的情况下，才不会出现重喷与漏喷问题。行距大于喷幅会出现漏喷，反之会出现重喷。植保无人飞机喷幅与飞行高度、飞行速度密切相关，作业行距的设置应根据作业高度、飞行速度的实际情况进行调整。图4-2所示为喷幅与飞行高度的关系。植保无人飞机两侧喷嘴的喷洒雾场能够得到有效重叠的高度，就是比较合理的作业高度。

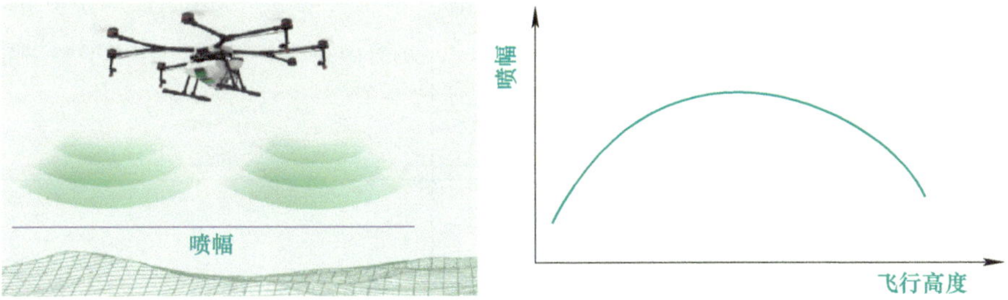

图4-2　喷幅随飞行高度的变化趋势

2．规划地块

（1）飞行规划

飞行规划需要操控飞机至所需位置，通过App按键添加航点，进行农田边沿及障碍物的测量。

操作步骤	操作说明	示意图
1	开启遥控器进入App主界面，然后连接飞机电源。单击“规划地块”，选择“飞行规划”。确保飞机状态提示栏显示“手动作业”	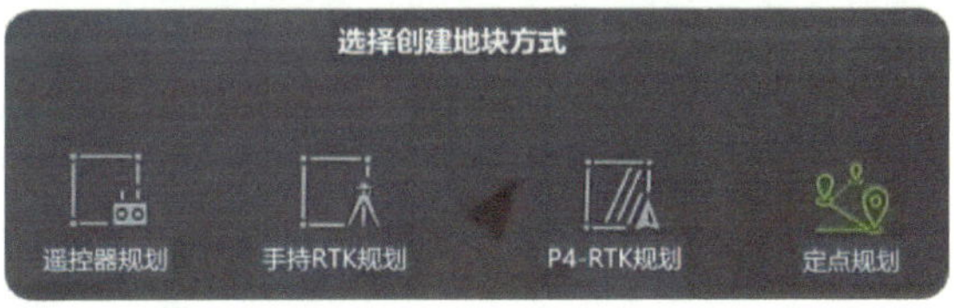
2	单击“开始测量”，操控飞机沿区域边界飞行，在拐点处单击界面上的“添加航点C2”按钮	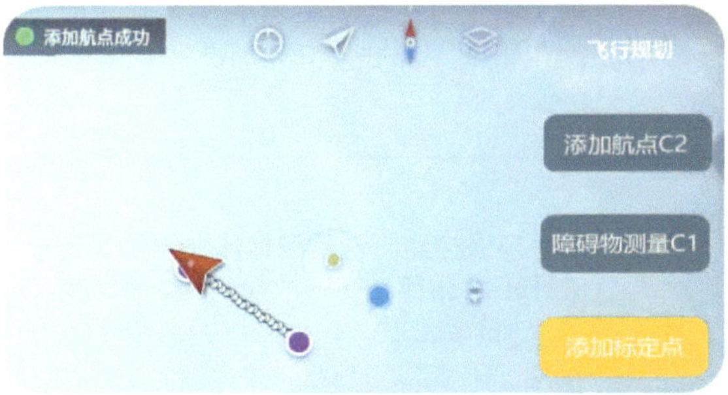

（续）

操作步骤	操作说明	示意图
3	如作业区域内存在障碍物，在障碍物处单击界面上的“障碍物测量C1”按钮，单击“添加航点C2”，然后操控飞机围绕障碍物飞行，最后单击界面上的“结束障碍物测量”按钮	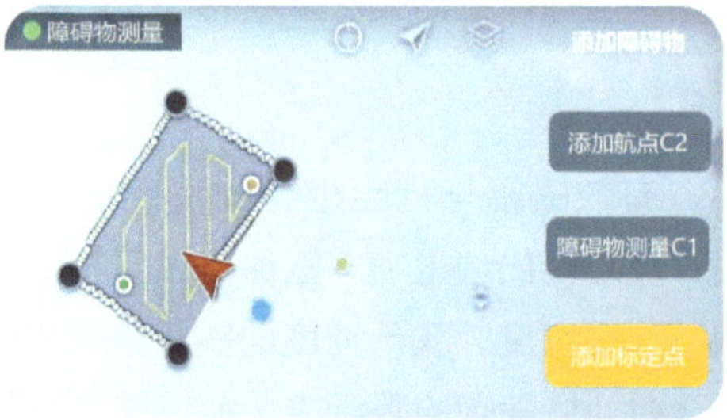
4	添加标定点：操控飞机至标定点实际位置，单击界面上的“添加标定点”。在作业区附近的开阔位置选择一个或几个长期固定存在且易于辨识的参照物作为标定点，如地钉或其他明显的标记物，以便执行同一任务时纠正偏移	
5	连续操控飞机沿作业区域边界飞行，并在拐点处添加航点，完成边界测量后单击界面上的“结束测量”。此时App将根据标记的区域边界及障碍物自动生成航线	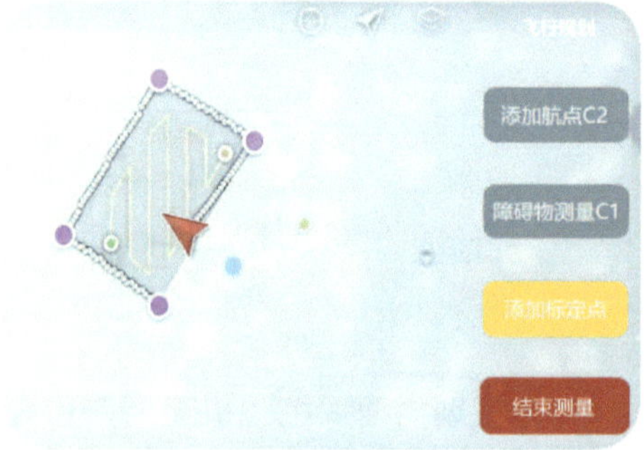

（2）遥控器规划

遥控器规划需要持遥控器沿农田或障碍物边沿行走进行测量。为了安全起见，使用遥控器规划时务必确保飞机电源已关闭。

操作步骤	操作说明	示意图
1	开启遥控器进入App主界面，单击“规划地块”，选择“遥控器规划”，等待遥控器搜星。确保卫星数大于等于10，且定位精度在2m以内时，单击“开始测量”	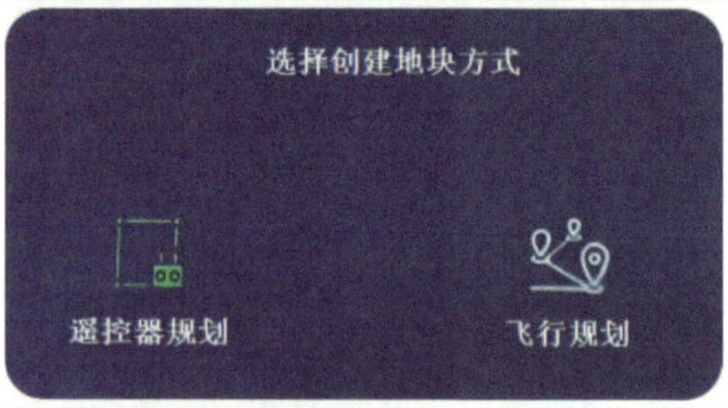
2	手持遥控器，沿着目标作业块边界走一圈，进行田块测量。在田块拐角处，单击App上的“添加航点C2”	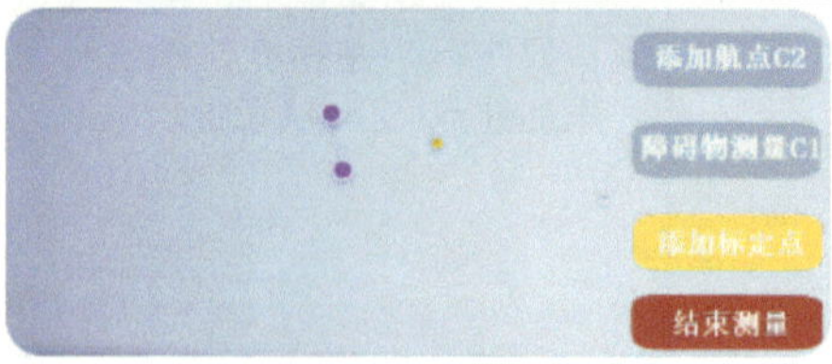

（续）

操作步骤	操作说明	示意图
3	如遇作业区内的障碍物，则单击“障碍物测量C1”，并单击“添加航点C2”	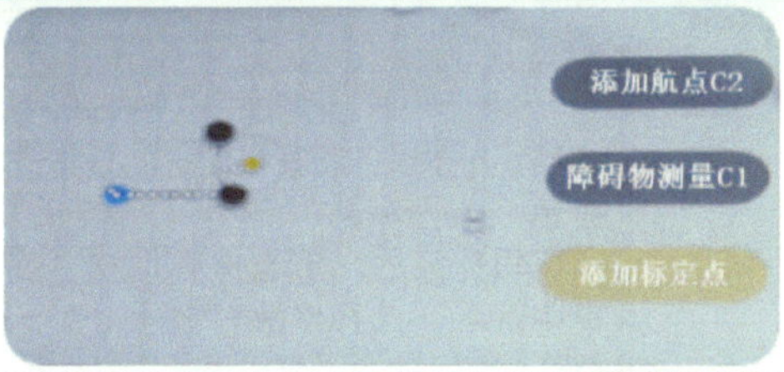
4	继续围绕障碍物走一圈，并在障碍物边界各拐角处添加航点。障碍物测量完毕后，单击“结束障碍物测量”	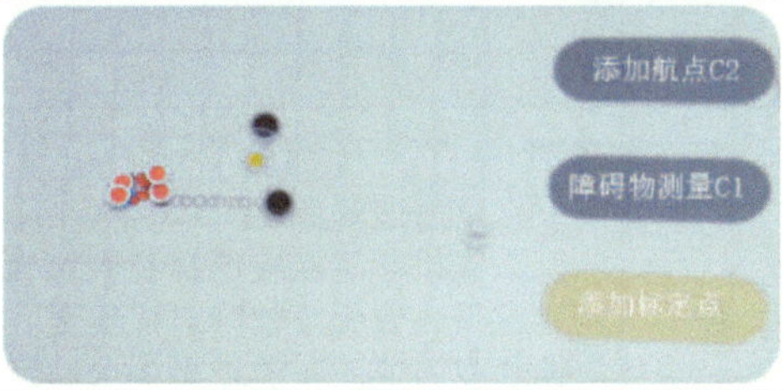

3. 编辑地块

操作步骤	操作说明	示意图
1	调整航线：拖动屏幕上的小黄点，调整已生成航线的方向。根据喷幅和风向确定田间作业行走路线	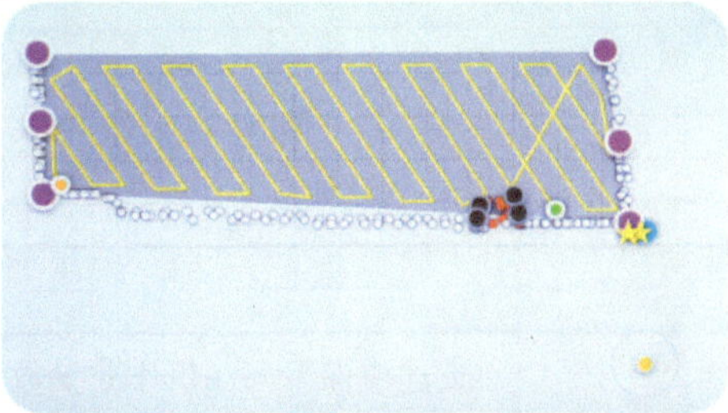
2	设置作业行距：单击界面上方的图标调整相邻航线间的距离	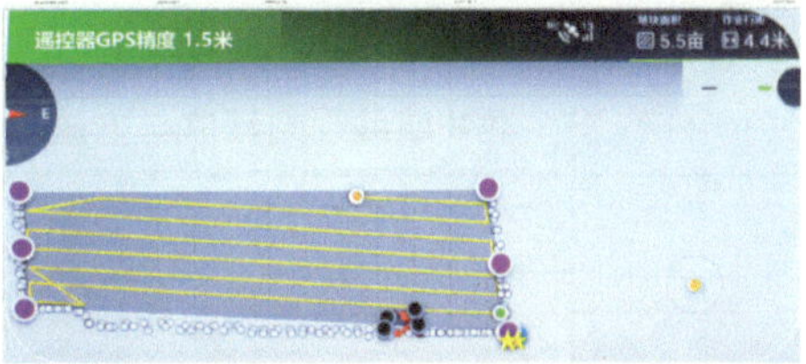
3	设置防撞安全距离：单击界面下方的“安全距离”按钮，选择“农田边缘”，滑动滑块调整农田边缘与航线的距离 设置防撞安全距离：选择“障碍物边缘”，滑动滑块调整航线与作业区域边缘及障碍物边缘的距离	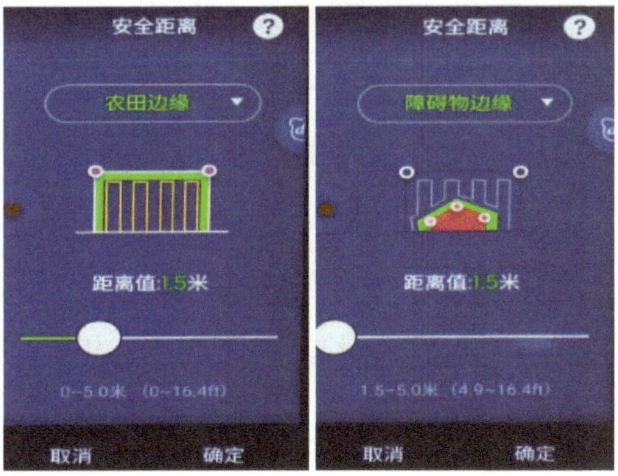

（续）

操作步骤	操作说明	示意图
4	单击“相对作物高度”，对作业高度进行调整。 编辑完成后，单击保存地块，在弹出的窗口中命名、选择作业对象	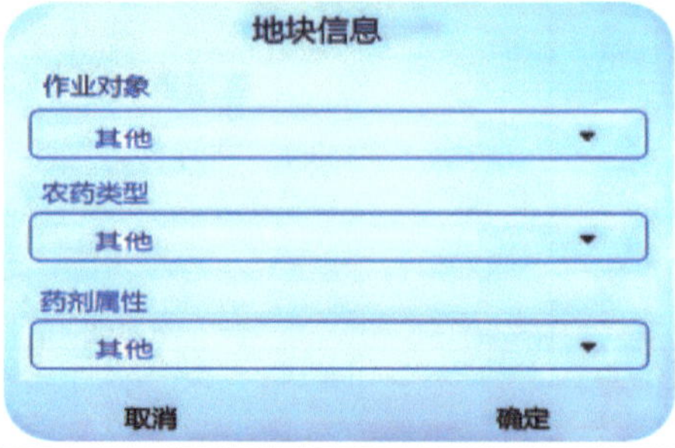
5	设置紧急迫降点： 无人飞机起降点应选择在人员较少的平坦空旷区域，以保障起降过程安全。 请勿在人流、车流众多的公路及机场净空保护区、政府驻地等敏感区域进行飞行	

任务评价

评价模块	评价内容与标准	得分
理论知识（30%）	复述植保无人飞机作业参数含义与设置原则（8分）	
	复述飞行规划的内容与步骤（12分）	
	熟知航线规划程序与方法（10分）	
实际操作（50%）	学会飞行规划，过程中能进行障碍物测量、会添加标定点（10分）	
	会持遥控器沿农田或障碍物边沿行走测量，进行遥控器规划（10分）	
	会调整和编辑航线，会调整和编辑作业高度（10分）	
	会根据周围环境和地形状况，设置紧急迫降点（10分）	
	会设置作业行距、设置防撞安全距离（10分）	
安全规定（20%）	参数设置正确，防止出现药害现象（8分）	
	按规范使用工具、确认防撞安全距离，确保作业安全（7分）	
	按流程进行各项任务实施（5分）	
合　计		

任务3 农药准备

任务情境

自远古时代出现农作物以来，人类就一直在同危害农作物的各种有害生物进行斗争。农药是用来预防、消灭或控制危害农业、林业植物及其产品的病、虫、草和其他有害生物以及有目的地调节植物、昆虫生长发育的化学合成物质或来源于生物、其他天然物质的一种或几种物质的混合物及其制剂。如果不使用农药和非化学防治，每年由害虫引起的作物损失将更严重。近年来，植保无人飞机飞防应用越来越广泛，如果农药使用不当，会对农作物造成伤害。因此，农药选取、药液调配以及在合适的施药条件下的作业变得尤为重要。

学习目标

1. 知识目标

1）了解有关农药使用的国家政策和有关法规规定。

2）了解国家禁止生产、使用的农药类型。

3）了解植保无人飞机飞防用农药的选取原则与依据。

4）了解风速与风向对施药效果的影响机制。

5）了解温度条件、光照条件对施药效果的影响原理。

6）了解湿度条件对施药效果的影响机制。

7）掌握药液调配的安全防护与注意事项。

2. 能力目标

1）能够正确选择工具设备。

2）能够正确使用农药量取和配置工具。

3）能够按照程序要求进行农药调配。

4）能够使用“二次稀释法”进行农药调配。

5）能够按照要求采用正确的防护措施与防护工具。

任务分析

为了防止在飞防作业后出现药害，在遵守国家政策和有关法规规定的同时，根据防治对象和从生态环境安全角度考虑，选择合适的喷洒农药。药液调配时，准确核定施药面积计算用药量和施药液量。正确使用专用量具准确量取农药，注意安全操作事项与安全贮存方法。采用“二次稀释法”正确完成操作步骤，同时注意调配过程中的安全防护注意事项。学习光照、温度、湿度、风速与风向等施药条件对作业效果的影响，以确保能够选择合适的施药条件进行飞防作业。

任务实施

1．选取药物

植保无人飞机作业前必须明确农药选取，应遵循《农药安全使用规范》（NY/T 1276—2007）的要求，宜选取低毒、高效、水基化剂型药物。

（1）按照国家政策和有关法规规定选择

药物选择应按照有关规定，不得选择剧毒、高毒农药用于蔬菜、茶叶、果树、中药材等作物和防治卫生害虫。应按照农药产品登记的防治对象和安全使用间隔期选择农药，严禁选用国家禁止生产、使用的农药。植保无人飞机喷头以压力式喷头较多，而且喷雾粒径较小，所以应选用水基化剂型药剂，如图4-3所示。由于喷雾速度快且用药量较少，作物体表上不可能每个部位都能沾到药剂，宜选用内吸性药剂，以提高效果。飞防药剂因为稀释比例小，所以不能使用剧毒及高毒农药，否则将有可能导致人员中毒。

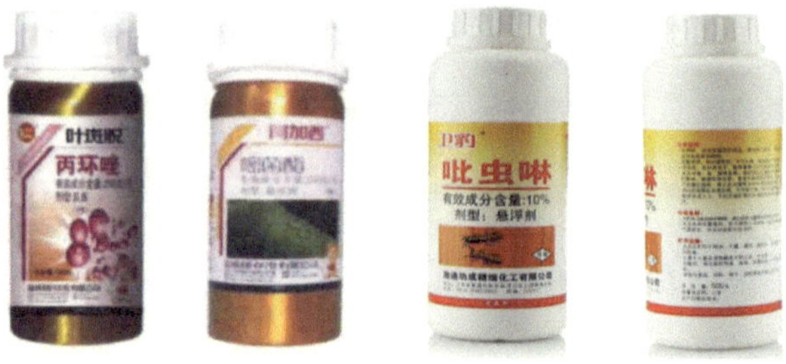

图4-3　水基化剂型与内吸附性药剂

（2）根据防治对象选择

施药前应调查病、虫、草和其他有害生物发生情况，对不能识别和不能确定的，应查阅相关资料或咨询有关专家，明确防治对象并获得指导性防治意见后，根据防治对象选择合适的农药品种。病、虫、草和其他有害生物单一发生时，应选择对防治对象专一性强的农药品种。混合发生时，应选择对防治对象有效的农药。在一个防治季节应选择不同作用机理的农药品种交替使用。对症下药才能解决问题，所以必须对作业对象进行病虫草害相关的检查与确认。

纹枯病是水稻常发性的重要病害，在全国大部稻区发生偏重。纹枯病主要危害叶鞘、茎秆，其次危害叶片。病斑椭圆形，中央灰白色，边缘暗褐色，许多病斑连在一起形成云纹状，如图4-4所示。湿度大时在病部长出白色或灰白色菌丝体，呈蜘蛛网状，最后形成暗褐色的菌核。

图4-4　水稻纹枯病

小麦白粉病广泛分布于我国各小麦主要产区，以四川、贵州、云南、河南、山东等地发生最为普遍，近年来该病在东北、华北、西北麦区，发生有趋重之势。小麦白粉病在小麦各生育期均可发生，可侵害小麦植株地上部各器官，但以叶片和叶鞘为主。典型病状为病部表面覆有一层白色粉状霉层，后期霉层渐变为灰色至灰褐色，上面散生黑色小颗粒，如图4-5所示。

图4-5　小麦白粉病

玉米大斑病发生时，叶片先现水渍状青灰色斑点，然后沿叶脉向两端扩展，形成边缘暗褐色、中央淡褐色或青灰色的大斑，如图4-6所示。后期病斑常纵裂。严重时病斑融合，叶片变黄枯死。潮湿时病斑上有大量灰黑色霉层。

图4-6　玉米大斑病

（3）根据农作物和生态环境安全要求选择

从保护生态环境安全角度出发，应选择对处理作物、周边作物和后茬作物安全的农药品种，选择对天敌和其他有益生物安全的农药品种，选择对生态环境安全的农药品种。

综上所述，农药选取需遵循农药成分活性高，具有内吸传导性和环境友好的基本原则，应选择水乳剂、微乳剂、悬浮剂、水剂等水基化剂型。助剂应具有防漂移、抗蒸发、增加黏附和渗透吸收作用。

2．调配药液

（1）农药量取

首先，准确核定施药面积，根据农药标签推荐的农药使用剂量或植保技术人员的推荐，计算用药量和施药液量。同时，利用专用量具准确量取农药，如图4-7所示。用于量取农药的器皿不得作其他用途。量取和称量农药时，均应在避风处操作。所有称量器具在使用后都要清洗，冲洗后的废液应在远离居所、水源和作物的地点妥善处理。在量取农药后，封闭原农药包装并将其安全贮存。

图4-7　刻度清晰的大容量量具

（2）农药配制

1）农药配制应现用现配，不宜久置。短时存放时，应密封并安排专人保管。

2）农药配制场所应选择在远离水源、居所、畜牧栏等场所。

3）农药配制根据产品说明或当地植保无人飞机管理机构的推荐，以及病虫草害的严重程度，确定药剂每亩使用量。

4）农药配制根据不同防治对象（病虫草害）、作物种类和生长时期确定施药量。

5）应选择没有杂质的清水配制农药，不能用配制农药的器具直接取水，药液不能超过额定容量。

6）农药在混配中应保持其各种有效成分的稳定性和物理性状的稳定性，不能在混配之后有效成分发生变化，出现乳化不良、分层、浮油、絮结、沉淀等现象，以免减效、失效，甚至造成药害。

7）农药混配各有效成分对农作物没有药害，其混配之后也不能产生药害。例如，石硫合剂与波尔多液混用，可产生有害的硫化铜和可溶性铜离子，所以不能将石硫合剂和波尔多液混用。

A．根据总作业亩数调配。

已知：用A药剂（用量为30克/亩），对50亩农田进行作业，假设每亩用药（混合液）量为1升，则

总用药量为50亩×30克/亩＝1500克；

总施药（混合液）量为50亩×1升/亩＝50升；

则药液由1500克药剂+48.5升水，混合即可。

B．根据药液定额进行调配。

已知：现有一个50升的容器，需要利用B药剂（用量为30克/亩）进行喷洒，假设每亩用药（混合液）量为1升，则：

50升（混合液）可作业量：50升÷1升/亩＝50亩；

50亩用药量：50亩×30克/亩＝1500克；

则50升混合液由1500克药剂+48.5升水共同调配而成。

C．农药混配方法。

假设地块面积为50亩，每亩药液使用量为800毫升，药剂A（用量为40克/亩）和药剂B（用量为50克/亩）混配施药，则

药剂A的使用量：40克/亩×50亩＝2000克；

药剂B的使用量：50克/亩×50亩＝2500克；

需要的药液量：800毫升/亩×50亩＝40 000毫升；

则药液由2000克A药剂+2500克B药剂+35 500毫升水，调配而成。

农药配制时，应根据农药剂型，按照农药标签推荐的方法配制农药。采用“二次稀释法”进行操作时，先用少量水将农药制剂稀释成“母液”，然后将“母液”进一步稀释至所需要的浓度，如图4-8所示。该方法能够保证药剂在水中充分分散均匀，在水量较少时搅拌可以更方便、精确。对于毒性较高的农药，采用“二次稀释法”可以减少接触原药的机会，降低中毒可能。药剂加入顺序：叶面肥、水分散粒剂、悬浮剂、微乳剂、水乳剂、水剂、乳油依次加入。药液必须充分混匀，尽量避免使用可湿性粉剂和不易溶解的叶面肥等。

配制现混现用的农药，应按照农药标签上的规定或在技术人员的指导下进行操作。

图4-8 “二次稀释法”配药步骤

3．选择施药条件

（1）施药时间

根据病、虫、草和其他有害生物发生程度和药剂本身性能，结合植保部门的病虫情报信息，确定是否施药。不应在高温、雨天及风力大于3级时施药。应根据病、虫、草和其他有害生物防治需要选择合适的喷头，定期更换磨损的喷头。

（2）风速和风向

风速对于雾滴的沉积与飘移具有重大影响，2级以内的微风有利于雾滴沉积且飘移距离较小，3级以上风速会造成雾滴沉积减少且雾滴飘移增加。所以，植保无人飞机应在3级以内风速作业，以避免产生飘移问题。除草剂作业为避免产生飘移药害，应尽量在2级以内风速下作业，杀虫杀菌作业在3级以内风速作业。

由于雾滴会随风飘移，因此在植保无人飞机下风口空气中，存在一定农药成分，实际喷洒区域也会受风速和风向影响，如图4-9所示。在植保无人飞机作业过程中，作业人员禁止处于植保无人飞机下风向，以免农药中毒。注意作业区下风向区域内，是否存在对药物敏感的动植物，如有则需要设置安全隔离区，以免产生飘移药害。

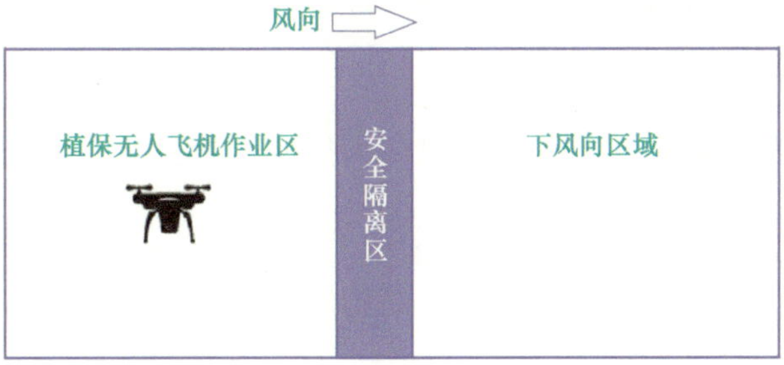

图4-9 植保无人飞机作业设置安全隔离区

(3)温度条件

大多数农药适宜的施药温度是20～30℃，温度过低不利于药效的发挥，温度过高会促使药剂分离，残效期短。高温、高光照下施药（35℃以上）容易产生以下问题：

1）植株叶子气孔开放多而大，易产生药害。

2）药液分解和蒸发加快，雾滴的沉积量减少，导致药效降低。

3）易造成人员中毒。

所以在炎热高温的天气条件下，特别是中午时分不应施药，以防止发生药害和施药人员中毒事故。

(4)湿度条件

湿度对药剂的防治效果因药而异。不同药剂对湿度的要求如下：

1）杀虫剂：对湿度的要求范围较低，但需具体分析。在先高温、干燥，再低温、高湿的条件下，下午4时以后至傍晚进行喷雾，傍晚或晚上喷粉则效果好。

2）杀菌剂：在一定范围内湿度和药效呈正相关。

3）保护剂：湿度大易杀死病菌；土壤处理剂，湿度大时效果好；内吸剂则符合一般规律，湿度过大或过小均会影响药效。

4）除草剂：施用以土壤处理法为主，所以湿度越大，效果越好；用作叶面处理时则和杀虫剂、杀菌剂的规律相同。

湿度过高容易导致部分农药分解，使药剂失效或产生药害。对作物而言，叶面上的露水会冲淡药剂，降低药效。所以在雾天、露水多或刚下过雨时，不宜马上施用农药。雨水会冲刷喷洒到作物上的药液，不仅造成药液流失降低药效，而且还污染环境。因此即将降雨或者正在降雨时不能施药作业。如果施药后遇到降雨，在降雨结束后应及时补施。在雨季作业应考虑以下因素：

1）选用内吸性农药，可通过植物根、茎、叶等进入植物体内，并输送到其他部位。药液到达植株体内以后，受降雨的影响较小。

2）选用速效农药，可以在施药后短时间内快速起效，达到防治目的，从而降低降雨影响。

3）配制农药时适量增加黏着剂可以提高药液在作物及虫体表面的附着力，增加抗冲刷性。

（5）光照条件

1）怕光型。辛硫磷、烟碱、除虫菊素等易光解，因而只能用于土处、贮藏害虫防治以及晚上喷药防虫。

2）需光型。需光型药剂有光合作用抑制剂类除草剂（如除草醚、取代脲类、均三氮苯类等）、光活化杀虫剂。

4．做好安全防护

1）穿戴好眼镜、手套、口罩等安全防护用具，如图4-10所示。

2）农药配制作业过程中，应对暴露在外的人体部分如手、脚、眼睛以及呼吸系统进行保护，佩戴手套、口罩等防护用具，以保障人身安全，如图4-11所示。作业时携带毛巾、肥皂，随时洗脸、洗手、漱口，擦洗着药处。

3）配置人员应处于作业区域上风向或侧风向，并且不能用手伸入药液搅拌。

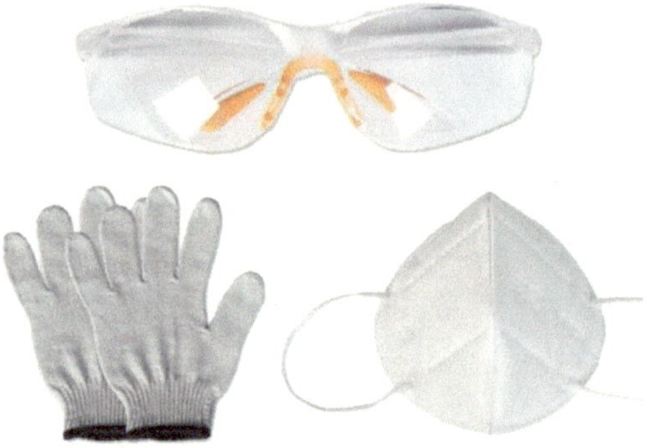

图4-10　防护用具

图4-11　农药配制安全事项

4）酸性农药与碱性农药不可混配。

5）药液配置应坚持现配现用，当天全部用完。

任务评价

评价模块	评价内容与标准	得分
理论知识（25%）	复述植保无人飞机飞防用农药的选取原则与依据（8分）	
	熟知温度、湿度、光照等对施药效果的影响机制（9分）	
	熟知风速与风向对施药效果的影响机制（8分）	
实际操作（40%）	工具准备齐（5分）	
	农药量取工具选择正确，操作步骤符合安全要求（10分）	
	药液调配操作正确，符合安全操作要求（10分）	
	药液调配场所、时间、操作符合要求（10分）	
	工具存放地点、方法正确，摆放整齐有序（5分）	
安全规定（35%）	工具使用正确，农药量取与安全防护正确（8分）	
	药液调配过程中的安全防护正确（8分）	
	农药使用遵守国家政策和有关法规规定，不选禁用农药（6分）	
	调查下风区域对药物敏感的动植物，正确设置安全隔离区（8分）	
	按流程进行各项任务实施（5分）	
合　计		

单元总结

本单元学习了植保无人飞机飞行准备、作业区块准备、农药准备等植保无人飞机作业前的准备内容。通过对植保无人飞机作业前飞行准备知识与技能的学习，掌握植保无人飞机机体、传感器、喷洒系统等部件的检查步骤与方法，了解无人飞机飞行环境检查事项。通过作业区块规划练习，掌握作业相关参数的含义与参数设置依据，学会作业区块的规划与编辑技能。了解农药选取原则，通过药液调配练习，掌握药液调配方法与步骤，学会选择合适的施药条件进行喷洒作业。同时，注意培养药液调配与作业过程中的安全防护意识。本单元思维导图如图4-12所示。

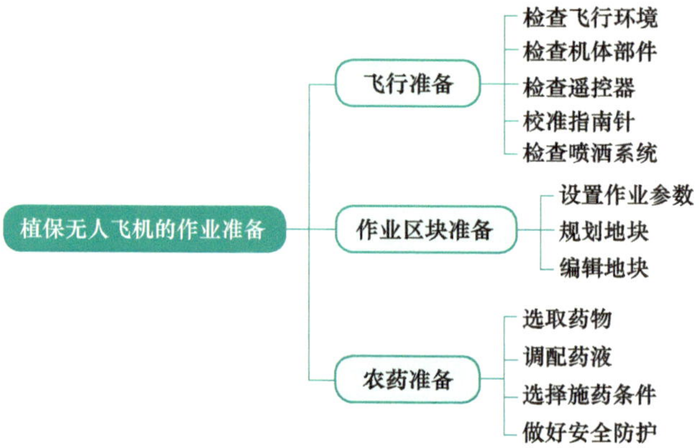
植保无人飞机的作业准备
飞行准备
检查飞行环境
检查机体部件
检查遥控器
校准指南针
检查喷洒系统
作业区块准备
设置作业参数
规划地块
编辑地块
农药准备
选取药物
调配药液
选择施药条件
做好安全防护

图4-12　思维导图

Unit 5

单元 5 植保无人飞机的作业解析

单元概述

1. 职业技能等级证书技能要求

植保无人飞机应用职业技能等级标准植保无人飞机现场作业与维护部分，见表5-1。

表5-1 职业技能等级标准植保无人飞机现场作业与维护

工作任务	职业技能要求
现场作业	◆ 能按照农药安全使用要求，对环境进行评估，做好个人作业防护 ◆ 能按照操作作业要求，正确使用对讲机、风速仪、测亩仪等相关配件 ◆ 能按照操作手册要求，准确控制植保无人飞机在视距范围内正常作业 ◆ 能按照操作规程，进行电池充电 ◆ 能按照操作手册要求，完成植保无人飞机转场、电池和农药更换等工作 ◆ 能按照操作作业要求，记录作业情况，及时归档汇总
装备整理与清洁	◆ 能根据安全操作规范，整理植保无人飞机及遥控器、充电器、电池等相关附件，及时回收装箱 ◆ 能根据操作手册要求，整理对讲机、风速仪等相关配件，及时清点分类 ◆ 能按照农药安全使用要求，清洁药箱表面，排净药箱内的残留药剂 ◆ 能按照农药安全使用要求，清洁喷头、滤网表面和内部残留药剂
电池充放电与储存	◆ 能按照操作要求，对电池进行充电、放电 ◆ 能按照操作要求，分类整理摆放与存储电池 ◆ 能按照操作要求，安全运输和保管电池及辅助设备

2. 知识引入

植保飞防是一个新兴行业，2015年全国植保无人飞机保有量只有2524部，作业面积1000万亩次。而截止到2019年10月，植保无人飞机保有量5.5万余部，作业面积4.5亿余亩次。短短4年时间，植保无人飞机作业面积增长了近45倍。随着植保无人飞机数量的增加，近两年陆续发生了一些安全事故。植保无人飞机可能发生人身伤害事故的环节主要发生在作业、维修等方面。

本单元包含现场作业、作业后装备整理与清洁、电池充放电与储存等内容。主要学习现场作业环节中的规范操作与作业飞行要求。在装备整理和清洁环节，学习正确检查与清洁无人飞机设备的各部件、分类整理与设备转运过程中的安全注意事项。学习在作业完成后，电池充电与放电的方法，电池运输与储存环节的安全注意事项。

任务1 现场作业

任务情境

由于农用植保无人飞机作业环境的多样性，在现场作业环节有具体的作业飞行要求。在作业前准备工作基础上，现场作业时还需要再次确认周围环境、设备运行状态、航线规划等方面一切正常。同时，一定注意植保无人飞机安全作业注意事项。植保无人飞机起飞全重可达20kg以上，其高速旋转的螺旋桨具有一定的破坏力，所以在作业时应时刻与其保持5m以上的安全距离，保障足够的安全距离能够避免绝大多数的人身安全事故。地勤人员在加药时，应等待螺旋桨完全停转才能接近植保无人飞机。起降点应选择空旷、较少人流的位置，禁止在人流通行的马路、乡间道路上起降植保无人飞机。现场作业时，如果作业区域有可能存在农户拔草、检查等情况，则应清空作业区域再作业，否则植保无人飞机与地面人员发生撞击将可能造成严重伤害。所以，现场作业时，能够按照规范操作很重要，安全作业更重要。

学习目标

1. 知识目标

1）了解植保无人飞机作业飞行要求。

2）掌握航线规划作业的流程与方法。

3）掌握A-B点作业原理与流程。

4）了解设备转运的安全注意事项。

5）掌握植保无人飞机飞行作业记录与归档方法。

6）了解植保无人飞机安全作业注意事项。

2. 能力目标

1）能够正确操控植保无人飞机设备。

2）能够正确完成航线规划作业。

3）能够按照相关要求，完成A-B点作业。

4）能够按照要求，完成植保无人飞机设备的转场作业。

5）能够按照要求，记录并归档植保无人飞机及其附属设备。

任务分析

现场作业前，调试对讲机、检查辅助人员在作业区最远处通信是否正常，确保操控人员作业时沟通顺畅。使用测亩仪测量地块面积，利用风速仪测定风速，观察农作物的高度与密度。根据所测数据设置飞行参数。检查作业区，不要在作业区域内存在人员的情况下进行作业，避免造成人身伤害。药箱加药，利用地面站软件进行“纠正偏移”、设置亩用量、飞行速度等参数后，完成航线规划与A-B点作业等常用作业方式练习。作业期间操控手应注意对农田及周边区域保持观察，保证飞行安全以及飞机姿态的平稳，速度保持均匀直线飞行。

任务实施

1. 作业飞行要求

（1）极低空飞行

植保无人飞机作业最佳高度是在作物叶尖之上1m左右距离。对于苗期小麦等低矮作物，无人飞机应在离地面2m高度上飞行，飞行高度精度应在分米级。

（2）高精度直线飞行

植保作业必须保持直线飞行，以保证不产生漏喷、重喷现象，飞行水平精度应在分米级。

（3）慢速匀速飞行

植保无人飞机的雾化效果很好，药效与无人飞机的速度密切相关，一般应该保持在3～6m/s的匀速飞行。

（4）超目视飞行

植保无人飞机目视飞行最远只能达到200m，对于宽幅大于500m的大田，将难以选择起降加药点，大田中间无法作业。从植保作业效率看，无人飞机一个起落最好飞行一个往返，回到起点加药。植保作业必须具备超目视飞行能力，超目视飞行距离应是无人飞机总作业距离的1/2。

（5）避目障飞行

对于高秆作物、果木、树木等植保作业，目视飞行作业的视线受到阻碍，必须要有避目障操控飞行的有效手段。

（6）定点垂直起降

大田地形复杂，加药点难以选择，无人飞机往往在狭窄空间起降，没有跑道起降条件，操控手必须具有定点垂直起降操控能力。

2．航线规划作业

航线规划是一种全自动的作业模式，通过提前对作业区域进行整体规划并形成作业航线，使植保无人飞机在规划区域进行自动作业。在规划的过程中，通过打点将作业区域覆盖在作业范围内。通过障碍物规划，使航线避开障碍物。通过调整航线，使航线更高效、覆盖范围更广。因为是自动作业，所以飞手的工作强度大大降低，解放了操作员的双手使其能够从事更多其他工作。自主作业时，只要行距设置合理，就能够避免药液重喷与漏喷的发生。因此，航线规划作业模式是智能度最多、最精准的作业方式。

操作步骤	操作说明	示意图
1	调试对讲机，检查辅助人员在作业区最远处通信是否正常，确保操控人员作业时间沟通顺畅。 使用测亩仪测量地块面积，利用风速仪测定风速，观察农作物的高度与密度	
2	检查作业区，不要在作业区域内存在人员的情况下进行作业，避免造成人身伤害	
3	药箱加药： 药箱加药最好用漏斗，以免洒漏。加药时，不能漏到电池箱，否则电池及插头会被腐蚀产生故障	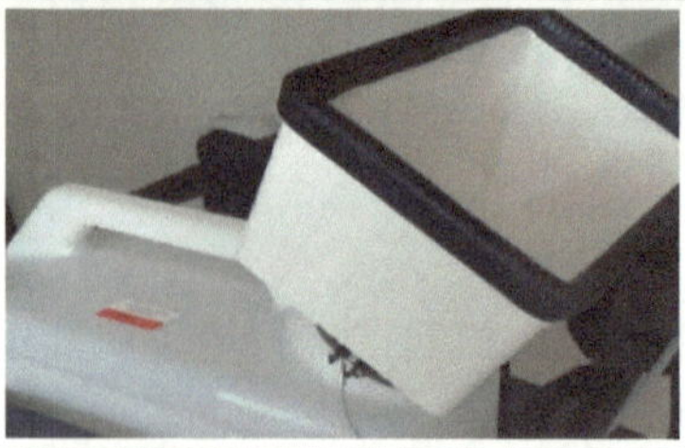

（续）

操作步骤	操作说明	示意图
4	打开遥控器主界面，单击“执行作业”，对飞机进行指南针校准，再次检查各部件是否固定完好	
5	加水并开启喷洒，将管道内的空气排除	
6	单击任务列表图标，在“地块”中调用已经规划好的地块。轻触屏幕可进行地块编辑，修改作业边界和作业参数，修改完成后保存	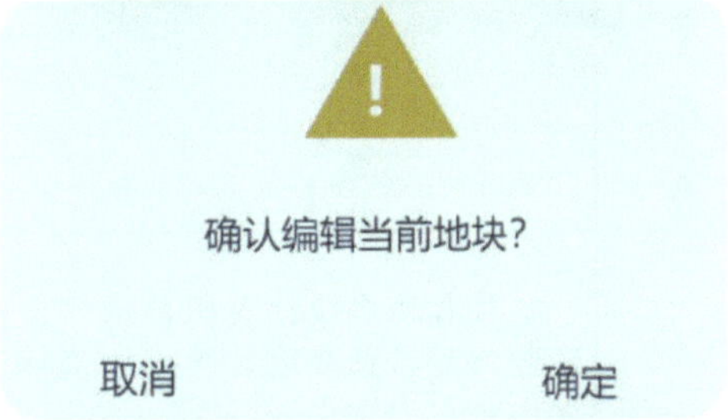
7	单击“调用”将飞机放置到标定点位置	
8	单击“纠正偏移”，单击“纠正到植保无人飞机位置”，单击“确定”按钮	 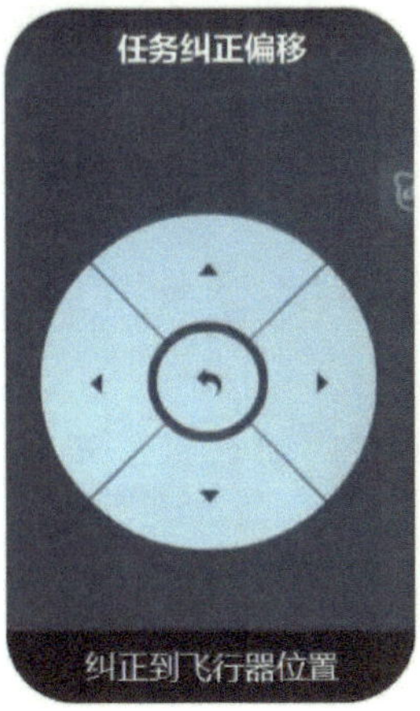

（续）

操作步骤	操作说明	示意图
9	单击“执行”，弹出作业效率页面，设置亩用量、飞行速度等参数后，单击“确定”按钮，上传任务	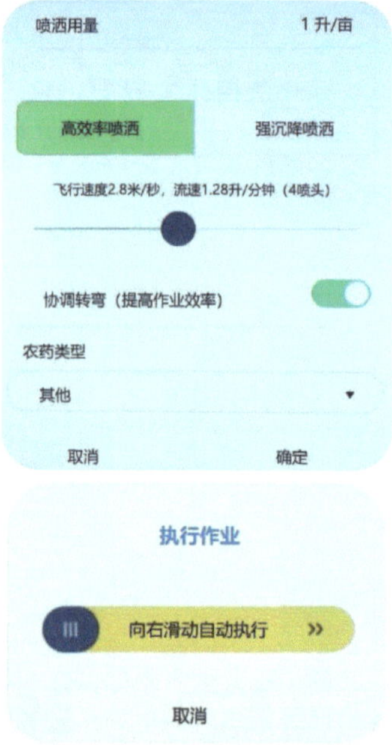
10	向右滑动滑块让飞机自动作业或手动起飞到合适高度，再滑动滑块，开始作业。 作业期间操控手应注意对农田及周边区域保持观察，保证飞行安全以及飞机姿态的平稳，保持均匀直线飞行	

3. A-B点作业

A-B点作业是一种快速自动扫描航线，将田块起点定义为A点，田块终点设置为B点，AB点形成一条直线，点A和点B的横移距离为地块的垄间距，如图5-1所示。确定A、B两点后，无人飞机将沿着蛇形路线向左或者向右飞行并作业。

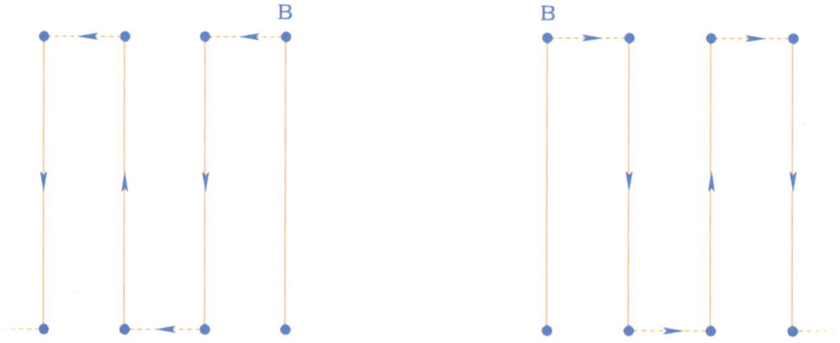

图5-1 A-B点作业航线（向左路线和向右路线）

A-B点作业模式灵活方便、自动作业，适合于规整地块，对于不规则地块则难以一次性完成作业。下面以M6E-GX植保无人飞机为例。

操作步骤	操作说明	示意图
1	打开遥控器，无人飞机上电。打开地面站软件，单击下方“快速作业”按钮，进入地面站界面。单击软件左下方“切换”按钮，进入航线编辑功能	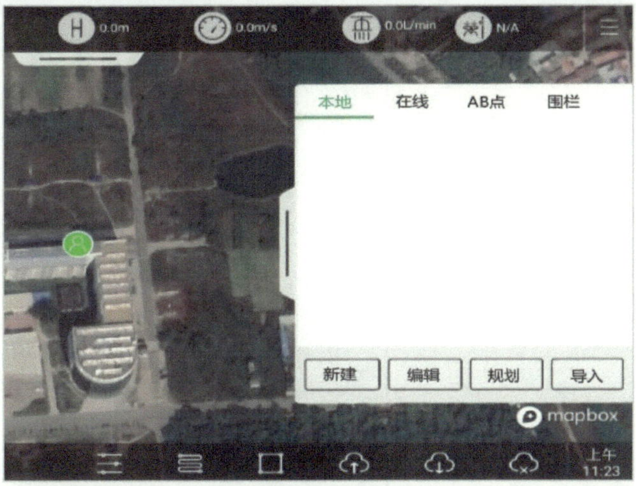
2	单击右侧窗口中的“AB点”标签，进入AB点航线定位功能	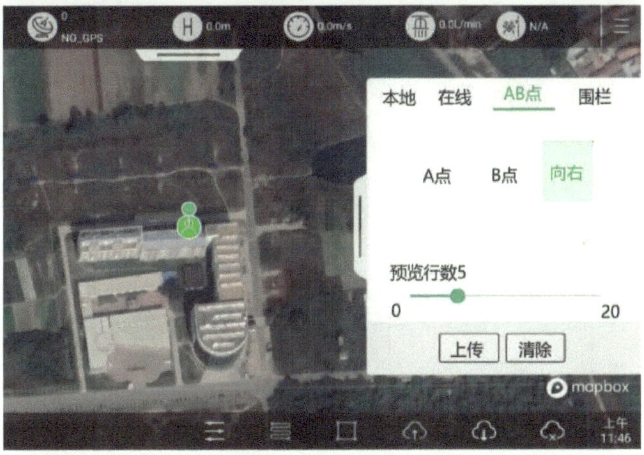
3	单击“清除”按钮，清除原有AB点。无人飞机起飞后飞行至地块边缘，单击“A点”按钮记录A点	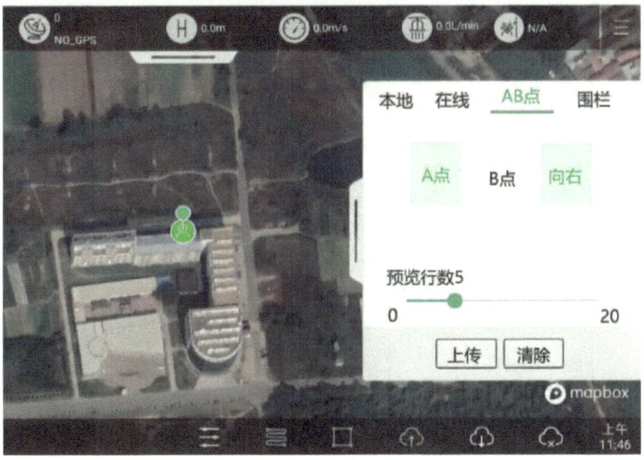

（续）

操作步骤	操作说明	示意图
4	再飞行至地块另一边缘，单击“B点”按钮记录B点	
5	单击“向左”或“向右”改变航线方向。单击“确认”按钮上传至无人飞机，飞行模式切换至“AB模式”，无人飞机开始AB航线作业	
6	避障操作在AB点和其他航线飞行中都会用到。当作业区域内有数量不多的障碍物，如树木、线杆、房屋等，可以执行手工横移避障操作	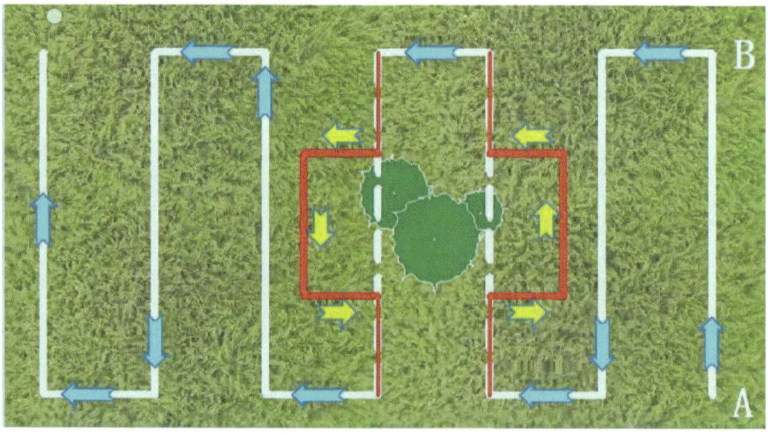

（续）

操作步骤	操作说明	示意图
7	手工横移避障操作： ①飞向障碍物，操作副翼飞离障碍物，喷药暂停。 ②推升降杆，飞过障碍物。 ③飞行模式切至定点模式，再切回AB点，无人飞机垂直飞回航线继续作业，开始喷药	
8	手工横移避障操作： ①飞向障碍物，操作副翼飞离障碍物，喷药暂停。 ②拉升降杆，飞过障碍物。 ③飞行模式切至定点模式，再切回AB点，无人飞机垂直飞回航线继续作业，开始喷药	

4. 转运设备

操作步骤	操作说明	示意图
1	作业完成后，做好植保无人飞机以及对讲机、遥控器、充电器、电池等相关附件的整理与归类，并用抹布打湿拧干擦拭机体	
2	排净药箱内的残留药剂并不得污染环境，清洗喷头与滤网等所有配药器具，保证无残留物附着	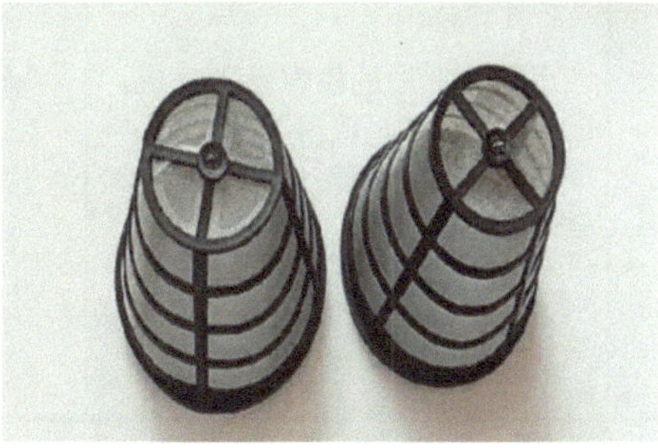

（续）

操作步骤	操作说明	示意图
3	利用卡扣固定好机臂与螺旋桨，以免机臂及电机可能与周边物体碰撞造成损伤	
4	要将植保无人飞机折叠装箱后运输，不可在展开状态下进行运输	
5	搬运植保无人飞机时，不管是否展开机臂，均需要两人共同抬大臂进行搬运，禁止抬小臂。 植保无人飞机应该以正常脚架着地放置，不可倒置，不可斜置	
6	必须将电池整齐装入防爆箱才能运输，以免发生电池燃烧意外，导致损失扩大	
7	运输作业后的植保无人飞机，应开启车窗，保持车内外空气流通，以免发生残留药液挥发导致的人员中毒	

5. 作业记录与归档

作业结束应及时建立作业档案，作业档案应有操作人员的姓名、健康状况、作业时间及地点、所使用的农药记录等内容。每次作业完成后，均应填写作业情况记录表（见表5-2），并汇总归档保存。每架植保无人飞机都建立飞行档案，详细记录飞行任务执行情况。

表5-2　植保无人飞机作业情况记录表

<table>
<tr><th colspan="7">记录项目及内容</th></tr>
<tr><td>作业地点</td><td colspan="2"></td><td>作业时间</td><td colspan="3">年　月　日</td></tr>
<tr><td>驾驶员</td><td></td><td>辅助作业人员</td><td></td><td colspan="2">身体状况</td><td></td></tr>
<tr><td>作物类型</td><td></td><td>作物生长阶段</td><td></td><td colspan="2">病虫害类型与程度</td><td></td></tr>
<tr><td>农药品种/名称</td><td colspan="2"></td><td>助剂使用情况</td><td colspan="3"></td></tr>
<tr><td>植保无人飞机类型</td><td></td><td>型号</td><td></td><td colspan="2">操控模式</td><td></td></tr>
<tr><td>是否已报备相关管理部门</td><td colspan="6">□是，管理部门名称：________
□否</td></tr>
<tr><td>作业开始时间</td><td colspan="6">__时/__分</td></tr>
<tr><td rowspan="2">作业气象</td><td>环境温度</td><td></td><td>环境湿度</td><td></td><td>光照情况</td><td></td></tr>
<tr><td>风向</td><td></td><td>风力</td><td></td><td>风速</td><td></td></tr>
<tr><td>田块环境</td><td>田块地理条件</td><td></td><td>周边植物分布</td><td></td><td>障碍物</td><td></td></tr>
<tr><td rowspan="3">作业参数</td><td>预定作业速度</td><td></td><td>预定作业高度</td><td></td><td>喷施幅宽</td><td></td></tr>
<tr><td>实际作业速度</td><td></td><td>实际作业高度</td><td></td><td>喷雾流量</td><td></td></tr>
<tr><td colspan="2">作业面积：</td><td colspan="4">亩用药量：</td></tr>
<tr><td rowspan="3">植保无人飞机工作状况</td><td>作业前</td><td colspan="5">□正常　□不正常，出现的问题：</td></tr>
<tr><td>作业中</td><td colspan="5">□正常　□不正常，出现的问题：</td></tr>
<tr><td>作业后</td><td colspan="5">□正常　□不正常，出现的问题：</td></tr>
<tr><td>作业结束时间</td><td colspan="6">__时/__分</td></tr>
<tr><td>其他情况说明（作业效果、药害、环境污染等）</td><td colspan="6"></td></tr>
</table>

6. 安全作业注意事项

1）作业人员必须与飞行中的植保无人飞机保持5m以上的安全距离，并且必须在植保无人飞机完全停止转动后才可接近无人飞机。

2）操作人员在取药、药液调配、药液处理、盛装容器清洗等环节应穿戴好个人防护用品。

3）操作人员应防止直接接触农药，施药后及时清洗并换衣服。

4）操作人员在工作现场不应进食、饮水、吸烟，应彻底洗净手部后，才能饮食。

5）操作人员有头痛、头晕、恶心、呕吐等中毒症状时应及时采取救治措施，并向医院提供药品有效成分、个人防护等相关信息。

任务评价

评价模块	评价内容与标准	得分
理论知识（30%）	复述植保无人飞机操控要点（10分）	
	复述植保无人飞机航线规划作业与A-B点作业的异同点（10分）	
	熟知植保无人飞机现场作业流程与操作注意事项（10分）	
实际操作（50%）	工具准备齐全（5分）	
	正确完成航线规划作业（15分）	
	能够按照相关要求，完成A-B点作业（10分）	
	能够按照要求，完成植保无人飞机设备的转场作业（10分）	
	能够按照要求，记录飞行任务执行情况（10分）	
安全规定（20%）	护具使用正确，个人防护措施到位（5分）	
	作业时，能够与飞行中的植保无人飞机保持安全距离（5分）	
	能够在取药、药液处理、盛装容器清洗等环节，做好个人防护（5分）	
	在工作现场不进食、饮水、吸烟（5分）	
合　计		

任务2 整理与清洁装备

任务情境

植保无人飞机现阶段主要适用于农药和叶面肥的喷洒，田间地头是它的主要战场，长时间高强度作业后，药液残留、沾泥积灰于飞机各部位在所难免。若想减少植保无人飞机故障发生频率、延长使用寿命，每次作业结束后，应对无人飞机的机体结构、喷洒系统、动力系统等部件及外观进行清洁，防止农药残留损害设备或危害人员。农药具有腐蚀性，残留的农药对植保无人飞机的零件会造成损害，因此与农药直接接触的喷洒系统是重点清洁部位。由于植保无人飞机每个部件的材料与结构不同，清洁方法也不同。最好的清洁方法是将抹布打湿拧干擦拭，再用干抹布擦干净。

学习目标

1. 知识目标

1）了解器材准备的内容。

2）了解工具的使用方法和注意事项。

3）熟悉作业后机体检查的安全注意事项。

4）掌握植保无人飞机机体清洁的程序和方法。

5）掌握植保无人飞机喷洒系统的清洁程序和方法。

6）了解植保无人飞机动力系统清洁的安全注意事项。

7）掌握无人飞机和植保设备的存放方法和注意事项。

2. 能力目标

1）能够正确选择工具设备。

2）能够正确使用清洁工具。

3）能够按照程序进行作业后机体与设备的清洁。

4）能够按照程序进行作业后设备的检查。

5）能够按照要求正确存放无人飞机和植保设备。

任务分析

作业过程中，因为阵风等气流缘故，导致机身或多或少沾染药液及尘土。因此作业完毕后应当对起落架、机臂、机头罩等机体结构进行清洁。对于这些不含电子器件的部位可用湿抹布进行擦洗，擦洗过程中切记避免液体滴落到其他电子器件上。拧干抹布，将表面残留的水渍擦拭干净。喷洒系统与农药直接接触，通常农药具有很强的腐蚀性，因此喷洒系统最易受到残留药液的侵蚀，作业完毕后应当及时清洁。清洁方法是：药箱装载肥皂水，手动开启喷洒，用肥皂水置换出药液，直至喷盘流出肥皂水为止；再换清水，重复上面操作。动力电调板、电机罩、螺旋桨也会在作业过程中或多或少沾染药液及尘土。由于内部结构包含电子元器件，擦拭动力电调板、电机罩时，须先将抹布拧干，不可直接使用湿润的抹布，避免液体流入器件内。

任务实施

1. 准备工具

要对植保无人飞机作业后进行整理需要准备好以下物品：软抹布六块、清水一桶、软刷两个、放大镜一个、护目镜两副、口罩两个、橡胶手套两副、肥皂一块、无水酒精两瓶、气枪一个、气吹两个、高压水枪一台、棉签一盒、通条一根、红外测温仪一支、绝缘胶带一卷，解刀一套。

2. 检查与清洁机体

植保无人飞机作业完毕后，在机身、机臂、电机、螺旋桨、脚架之上会存在大量的农药附着物，农药附着会腐蚀机体，所以必须每天进行清理，以使植保无人飞机保持良好状态，如图5-2所示。

1）植保无人飞机采用机身可拆卸结构设计，因此除喷洒系统外的部位，最好的清洁方式是将抹布打湿拧干擦拭，再用干抹布擦净，切不可用水流直接对机身进行冲洗。

2）定时清理机身进气口过滤网，保证内外气流流动顺畅。清理频率依作业环境清洁度、工作频率而定，建议一季度清理一次。

3）植保无人飞机在使用过程中机体振动较为强烈，因此作业前都应检查螺栓、卡扣、铆钉等连接部位，如有松动、磨损、损坏、滑丝、生锈等情况及时紧固或更换。

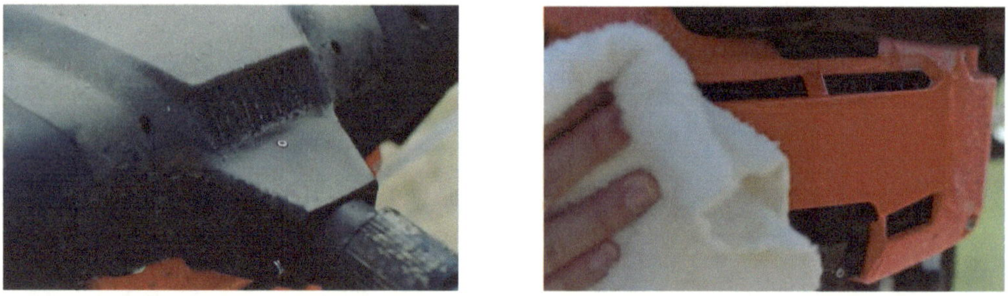

图5-2　植保无人飞机机体清洁

3. 清洁喷洒系统

喷洒系统包括药箱、水泵、水管、滤网、喷头等，是直接接触农药的重点部位，会有农药残留，而农药具有腐蚀性，残留的药液对植保无人飞机的零件会造成损害，所以每次植保作业完毕后，应重点对喷洒系统进行清洁工作：

1）先将水箱中残留的液体倒出，水箱底部水管连接处螺钉拧下来，取出滤网，使其自然流淌，在水箱清理残留液体的时候，把取下来的滤网放入水中浸泡，把滤网上的附着物分离下来，再用流水冲洗一下就可以了。残留液体清理干净后，把水箱底部水管重新连接回去，检查是否固定好，避免漏液。

2）将水箱加满清水，飞机供电启动喷洒系统，让飞机原地喷洒进行第一次清洗。第一次清洗完毕后，再往水箱中加入与水混合的碱性清洁剂，启动飞机的喷洒系统把水箱中的清洁剂喷洒干净。接着再往水箱中加入清水清洗两到三次。

3）清理喷头时，使用细毛牙刷对喷头进行清洗，不能使用铁丝、大头针等坚硬材料，也不能使用金属工具，以免破坏喷嘴的结构，从而造成流量不准，影响喷洒效果。

4）清洁前请先把喷头从飞机上取下，清洁时保持喷头湿润，并使用适中的力度进行清洁。清洁后可以透过光源检查，确认喷头堵塞物已被完全清理。

5）将水泵壳体用气源吹扫干净，检查壳体外观，应无裂纹划痕等明显损伤，否则应更换。检查泵壳外观，应无变形、裂纹，结合面处应光洁、无损伤、无划痕，否则应修理或更换。

6）喷雾设备存放前，将药箱、管路、喷头及整个喷洒系统彻底清洗干净并晾干，存放在干燥通风的仓库内，避免露天存放或与农药、酸、碱等腐蚀性物质放在一起。

4. 检查与清洁动力系统

动力系统包括电机、电调、螺旋桨、电池。动力系统工作强度大、受外界影响大、使用频率高，是植保无人飞机系统里面需要重点关注的分系统之一。植保无人飞机电机工作环境恶劣，水雾、药液、农药附着是其损坏的首要因素，所以作业后应做到：

（1）作业后检查与清洁螺旋桨

螺旋桨是植保无人飞机消耗最快的配件，在大部分的飞行事故当中都有可能使螺旋桨发生断裂与破损，如图5-3所示。

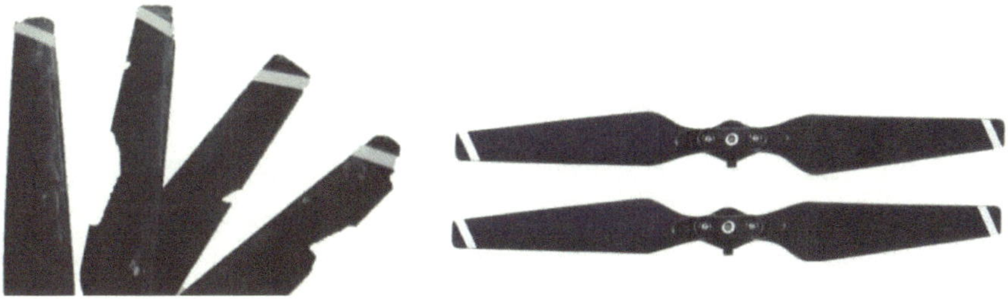

图5-3 破损的螺旋桨

1）如果是折叠螺旋桨，损坏后一定要成对更换，而不可只换单边螺旋桨，否则有可能导致机身振动过大。

2）螺旋桨有一定使用年限，作业后如发现螺旋桨材料有变形、发脆、裂纹等情况，要提前主动更换。

3）作业后检查发现螺旋桨发生断裂或破损必须更换，包括一些细小的裂缝都应及时检查与发现。

4）螺旋桨的安装必须没有水平与垂直方向上的松动，如松动可能会造成飞行不稳定。

5）作业完毕必须清理农药残留，否则农药附着有可能腐蚀螺旋桨，造成螺旋桨寿命变短、效率降低。

（2）作业后检查与清洁电机

1）每天作业完毕后用湿抹布清洁电机外表，去除农药附着。

2）不可用流水或者水管直接冲洗电机，以免电机内部进水导致损坏。

3）定时检查电机动平衡是否良好。

4）检查电机内部应无异物，用气吹吹净其中的灰尘。

5）检查电机应无卡顿现象。用手转动电机应顺畅，如有卡顿，立即拆下并更换新的电机。

（3）作业后清洁插头连接件

1）作业后检查电池插头，如发现有黑点异物，用干毛巾轻轻擦拭，去除黑点异物。

2）插头连接时，必须完整插入，否则将会使插头发热，影响飞行安全。倘若插头连接口出现了氧化黑色固体附着物需使用绝缘材质的刀片轻轻刮拭直到该异物脱落。

3）长期不良习惯的插拔有可能造成插头变形，外径变小，从而导致发热量迅速增加，插头熔化，应立即更换插头。

4）电池平衡插头避免进入水及药液，否则将有可能导致平衡头短路乃至电池烧毁。

（4）作业后检查与清洁锂电池

1）每次作业结束，须用干布擦拭电池表面及电源插头，确保没有农药残留，以免腐蚀电池。

2）使用抹布与棉签清理电池底座、螺钉口等部位的农药残留，避免因农药腐蚀造成橡胶或电池外壳螺钉腐蚀，如图5-4所示。清理干净后再用拧干的湿布擦拭电池外壳，并检查外壳是否有破损、变形，最后用干布将外壳上的水渍擦拭干净。

3）使用棉签或软毛刷蘸少许酒精或汽油，对电池接口中的腐蚀物进行清理，如图5-5所示。

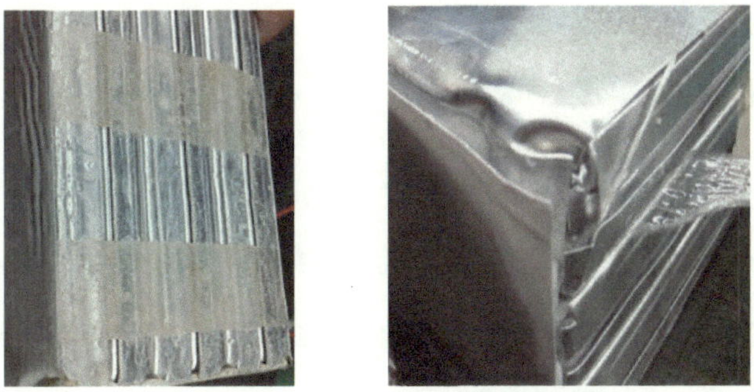

图5-4　被药水腐蚀和摔伤的电池

图5-5　软毛刷清理电池接口

4）作业结束后，电池温度较高，需待飞行电池温度降至40℃以下再对其充电（飞行电池充电最佳温度范围为5～40℃）。高温充电会造成电池寿命下降，避免使用完毕立即充电，避免在阳光直射下充电。

5）作业结束后，建议对电池进行慢充以利于电池电压平衡。不应长期只使用快充，会降低锂电池使用寿命。

当天作业结束之后，应对电池进行充电以满足第二天的工作需求。从锂电池使用特性考虑，在晚上的充电工作可以使用较小电流进行充电。

5．清洁遥控器

1）遥控器内部电子元器件十分精密，不能直接使用清水来清理表面的污垢。

2）一些有耐磨镀层的遥控器，也不能使用汽油或者酸性、碱性的清洁剂。

3）在遥控器表面均匀包裹快干胶，待其干燥之后揭下来，能够清理吸附在表面的污垢、细菌等。

4）检查遥控器的各个接口处是否有异物或者接触不良的情况，清洁时避免水、药液进入遥控器。

5）检查遥控器天线是否有损伤，整理时应将天线折叠，避免遥控器天线折断。

6）整理遥控器时，检查遥控器的挂带是否牢固，避免让遥控器受到强烈的振动或从高处跌落，影响内部构件的精度。

6. 处理农药容器

农药调配工具有大桶、小桶、母液桶等，如图5-6所示。

1）植保无人飞机施药作业结束后，剩余药液应集中收集，安全存放。

2）农药空瓶、空袋不可随意丢弃，因其含有农药，有可能造成二次环境污染。

3）农药包装容器应集中收集、妥善处理。不随意丢弃，更不准用于盛粮、油、酒、水等食品和饲料。

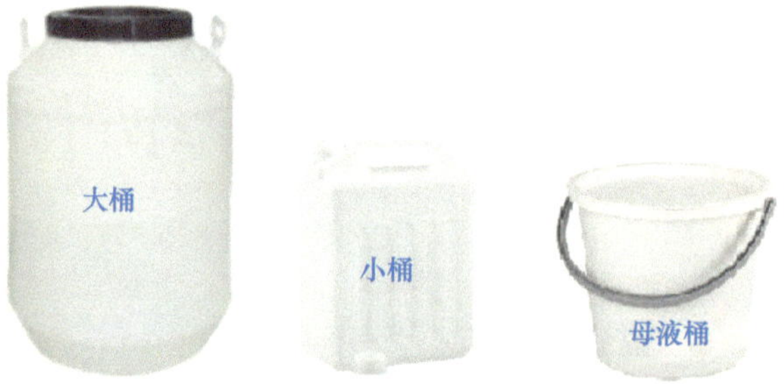

图5-6　配药工具

7. 存放植保无人飞机

1）区域独立：植保无人飞机使用后，应在远离人畜及生活区的地方隔离存放。

2）环境适宜：存放环境要求安全、清洁、干燥、阴凉。

3）清点登记：长期存放的设备要逐一清点登记。

4）分门别类：不同类型的设备分开隔离存放，如灌药机、药箱与电池等不可混放。

5）整齐有序：摆放整齐有序，不得直接堆积码放。电池存放如图5-7所示。

图5-7　整齐摆放无人飞机电池

任务评价

评价模块	评价内容与标准	得分
理论知识（30%）	复述植保无人飞机作业后的机体检查与清洁要点（9分）	
	复述植保无人飞机作业后的喷洒系统清洁要点（12分）	
	熟知植保无人飞机作业后存放注意事项（9分）	
实际操作（50%）	工具准备齐全（5分）	
	机体及部件的检查操作正确，没有遗漏部位（10分）	
	机体相关部件的清洁到位，并保持干燥（15分）	
	对喷洒系统各部件的清洁操作正确，并保持干燥（15分）	
	机体和设备存放地点与方法正确，排放整齐有序（5分）	
安全规定（20%）	能够正确处理农药空瓶、空袋，防止环境污染（8分）	
	植保无人飞机作业结束后，能够集中收集剩余药液并安全存放（5分）	
	按流程进行各项任务实施（7分）	
合　计		

任务3 进行电池的充放电与储存

任务情境

植保无人飞机每次作业完成后，都需要检查动力电池的电量，并进行维护和整理。锂聚合物电池是一种能量密度高、放电电流大的新型电池。同时，锂聚合物电池使用起来相对脆弱，对过充过放都极其敏感，在使用中应该熟练了解其使用性能。锂聚合物电池充电和放电过程，就是锂离子的嵌入和脱嵌过程，充电时锂离子由负极脱离嵌入正极，而在放电时锂离子脱离正极嵌入负极。一旦锂聚合物电池放电导致电压过低或者充电电压过高，正负极的结构将会发生坍塌，导致锂聚合物电池受到不可逆的损伤。植保季节结束后，要对锂聚合物电池进行合理的保养与存储，才能够保障来年作业季植保无人飞机良好使用。

学习目标

1. 知识目标

1）掌握植保无人飞机电池充电注意事项。

2）掌握各种电池的充电标准。

3）掌握常用几种平衡充电器的使用方法。

4）掌握动力电池的放电方法。

5）掌握锂聚合物电池运输注意事项。

6）了解锂聚合物电池的存放条件与方法。

2. 能力目标

1）会选择合适的充电器和充电方法。

2）会操作平衡充电器为动力电池充电。

3）会正确选择充电电流和充电电压。

4）会使用电池管理站为动力电池放电。

5）会正确调整保存电压并存放在合适的储存环境。

任务分析

目前，大多数植保无人飞机都是通过电池来提供飞行的动力，因此电池的寿命直接影响着无人飞机的巡航时间。而无人飞机的电池在进行充电和放电的时候，一定要按照标准和流程进行，这样才不至于对电池造成不利的影响。充电时，有些充电器在充满电后的断电功能不完善，导致单片电池充满到4.2V还没有停止充电。锂聚合物电池充电的时候不能离开人，当发现充电时间过长时，需要人工检查充电器是否出现故障，不能过充电。根据电池的放电曲线可知，锂聚合物电池放电降至3.7V以后，电压下降速度就会加快，控制不好就导致过放，轻则损伤电池，重则电压太低造成炸机。本任务学习锂聚合物电池的充放电操作方法、电池运输与储存时的安全注意事项。

任务实施

1. 电池充电

电池是植保无人飞机核心动力来源，植保无人飞机对于电池的性能要求特别高，目前绝大多数植保无人飞机电池都采用锂聚合物电池。植保无人飞机电池持续供应是高效植保作业的有力保障，作业环境存在各种各样的情况，需要具体情况具体安排。植保无人飞机电池结构如图5-8所示。

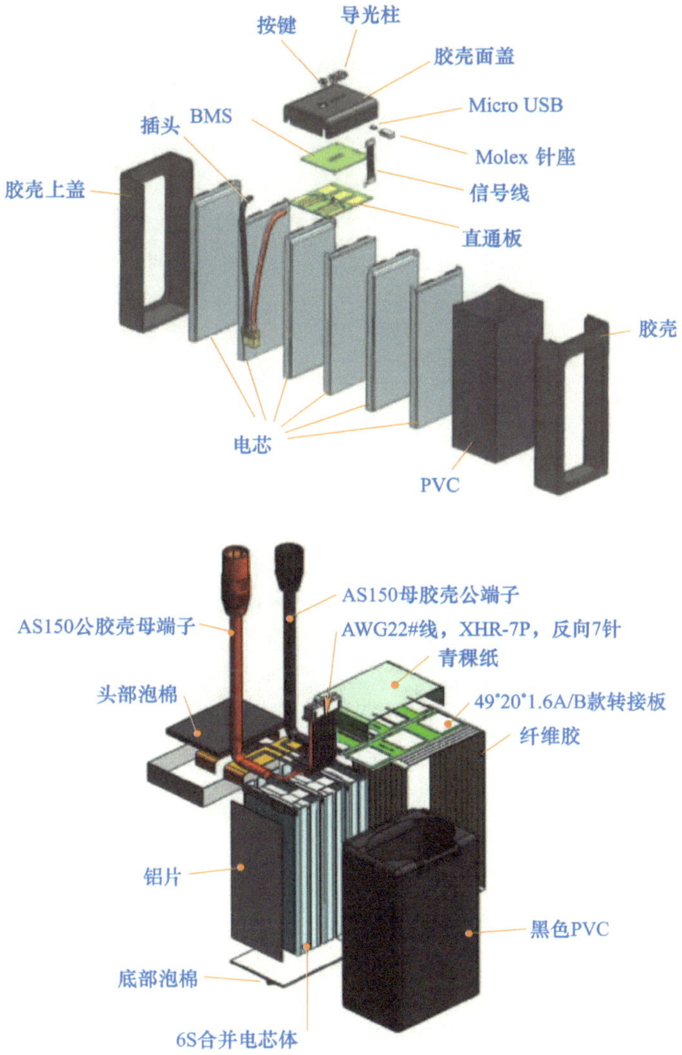

图5-8　植保无人飞机电池结构

1）每块电池在使用完毕后应冷却20分钟以上，待电池冷却后再进行充电，否则将降低电池使用寿命。

2）如植保无人飞机一次使用1块电池，建议每部植保无人飞机配备6～8块电池，以进行良好充电循环。

3）植保无人飞机锂聚合物电池容量较大，而且因为需要连续工作，所以其充电功率也较大，注意用电安全。

4）若距离较远，一定要使用便利的交通工具，确保电池充电的时效性。

（1）植保无人飞机电池充电

植保无人飞机电池都是锂聚合物电池，如图5-9所示。锂聚合物电池在使用时，必须串联才能达到使用电压需要。锂聚合物电池需要专用的充电器，尽量选用平衡充电器。根据充电原理的不同，充电器可分为串行式平衡充电器和并行式平衡充电器。并行式平衡充电器使被充电的电池块内部每节串联电池都配备一个单独的充电回路，互不干涉，如图5-10所示。

图5-9　动力电池和智能电池

图5-10　电池充电

1）充电电流：充电电流不得超过最大充电电流，使用高于推荐电流充电将可能引起电池的充放电性能、机械性能和安全性能等方面的问题，有可能导致发热或泄漏。

2）充电电压：充电电压不得超过规定的限制电压（单体电池4.2V），4.25V为每单片充电电压的最高极限，单片间压差通常不高于0.02V。

3）充电温度：电池必须在规定环境温度范围下充电，否则电池易受损。当电池表面温度异常时，应立即停止充电。

4）反向充电：正确连接电池的正负极，严禁反向充电。若正负极接反，将无法对电池进行充电。

（2）植保无人飞机电池充电注意事项

1）使用专业的充电器充电，延长电池的使用寿命。

2）注意避免过度充电，防止电池的鼓包或爆裂，外皮损坏的电池应及时修理。

3）定时检查充电线，防止断路或短路。

4）充电过程中发生任何异常，应立即停止充电，并查阅操纵手册。

5）充电器应远离灰尘、潮湿、热源及振动，放置在合适的位置，防止跌落。

6）保持充电器的冷却口处于通风的位置。

7）充电器与电池应远离易燃、易爆物品，防止发生意外。

（3）电池充电标准（见表5-3）

表5-3　无人飞机各种电池的充电标准

	电池类型	充电电流	充电电压
遥控器电池	锂聚合物3S电池	1.2～1.5A	11.1V
主控电池	锂聚合物3S电池	2.0～2.5A	11.1V
动力电池	锂聚合物6S电池	20A	22.2V

植保无人飞机的电池和充电器选择一定要谨慎，由于无人飞机使用的都是高能量的锂聚合物电池，瞬间放电能造成爆炸、起火等危险，所以无人飞机的电池在充电的时候也是必须谨慎注意，选择合适的充电器和合适的充电方法能够尽量避免危险发生。

（4）充电器的使用方法

以SkyRC PC1080充电器为例，PC1080是一款双通道锂聚合物电池充电器，可以同时对两块6节电池进行平衡充电。工作模式包括快速充电、精准充电及电池存储。操作简单、便捷，具有短路保护、反接保护及过温保护功能。操作步骤如下：

操作步骤	操作说明	示意图
1	通电：连接交流电源，打开电源开关，充电器“哔”一声，风扇自检转动一下	

（续）

操作步骤	操作说明	示意图
2	连接电池：充电器支持充电的电池节数为6节，必须将电池充电线以及平衡口同时与充电器连接	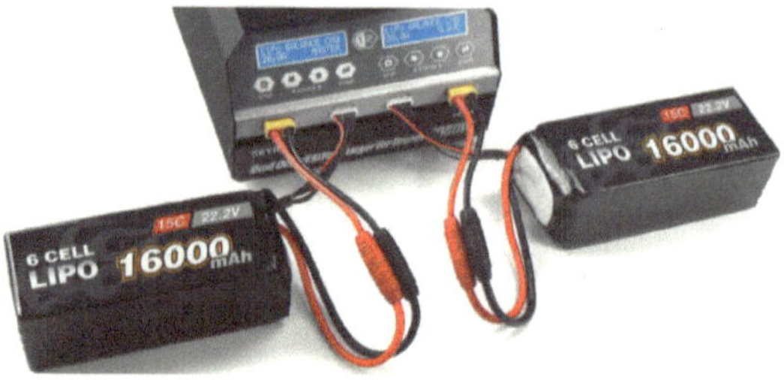
3	按START键，充电模式闪烁。按上下箭头键，可选快速平衡充电（FAST CHARGE）、精准平衡充电（BALANCE CHG）或电池存储充放电（STORAGE ）模式	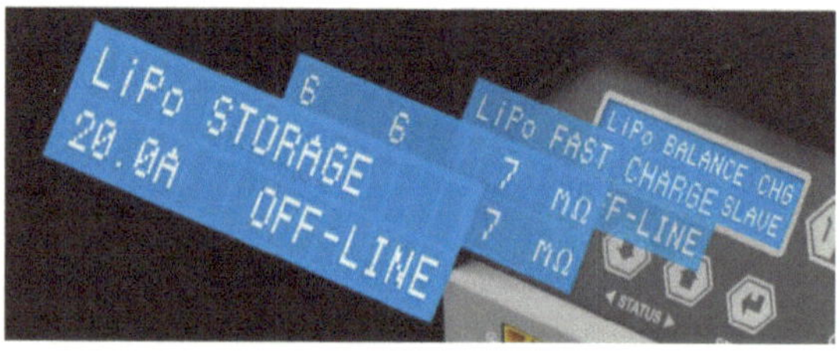
4	再按START键，电流选项开始闪烁，按上下箭头键，设置充电电流，电流可设定范围为1.0～20.0A。 按START键，设置“主(MASTER)”“从(SLAVE)”模式，任意一个设置“主”，则另一通道自动变成“从”	
5	长按START键2秒，开始对电池进行充电	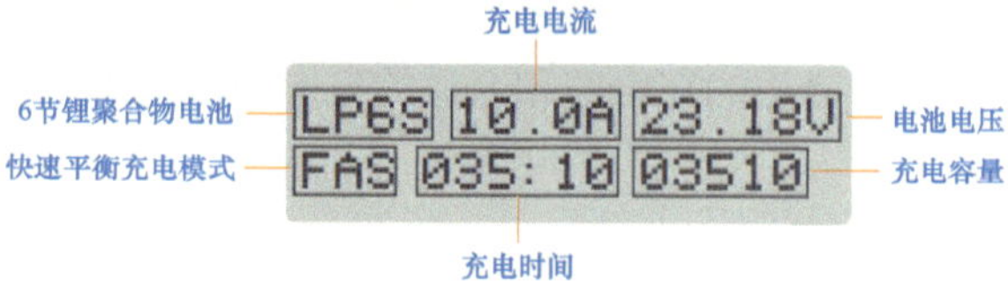
6	充电完成：充电模式下，充电完成，液晶显示屏显示充电完成界面	
7	停止：充电器工作过程中，如需要停止充电则按STOP按钮。在主从模式下，只能通过主通道才能操作	

智能充电器使用方法：以2600W四通道智能充电器为例，这是一款集充电器和充电管家为一体的智能充电器，可连接4块电池。充电器最大输出功率达2600W，提供快充、慢充两种模式。充电过程中，充电器可实现与电池的通信，并根据当前电池可接受的电流大小智能调整充电电流。

操作步骤	操作说明	示意图
1	将充电器连接至交流电源	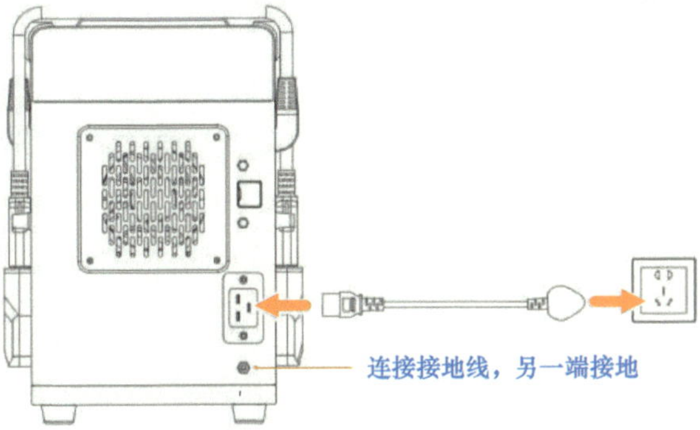
2	直接将电池电源接口插入电池即可连接电池。若使用转接头，确保转接头与充电线接口处连接良好	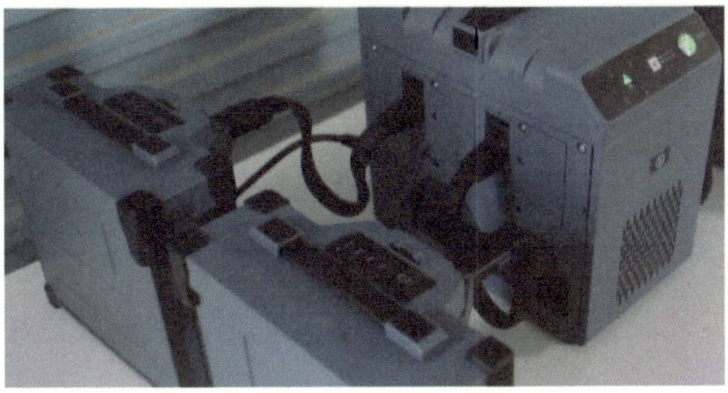

2. 电池放电

1）放电电流：放电电流不得超过规定的最大放电电流，过大电流放电会导致容量剧减并导致电池过热膨胀。

2）放电温度：电池必须在规定的工作温度范围内放电。当电池表面温度超过70℃时，要暂停使用，直到电池冷却到室温为止。

3）放电截止电压：电芯安全放电最低电压为2.75V，低于此电压继续放电将会对电池性能产生损伤。

4）电池不过放电：电池电压下降过快，轻则损伤电池，重则电压太低造成炸机，也不要每次把电池飞到超过容量极限，要严格按照飞行要求使用电池。建议对锂聚合物电池进行部分放电而非完全放电，以延长使用寿命。

5）无人飞机的锂聚合物电池属于化学电池，其充放电过程就是内部进行化学反应的过程，低温将使电池的反应速率下降，从而造成续航时间与放电功率改变、电压骤降和飞行动力不足。在低温天气，电池长时间在外放置，其放电性能会大大降低。此时应将报警电压降低设置，因为在低温环境下电压下降会非常快，报警一响立即降落。

6）使用电池管理站，将电池管理站切换到放电模式，然后选择放电的截止电量，管理站就能为电池进行放电至最适宜运输的25%电量，或是适合长期储存的50%电量，如图5-11所示。

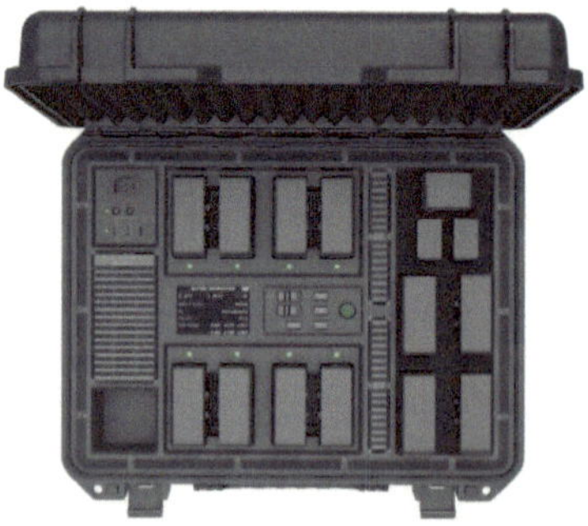

图5-11　电池管理站

3．电池运输

1）由于部分农药助剂属易燃助剂，所以应把农药与电池分开放置再运输。

2）电池最怕磕碰和摩擦，运输磕碰可能引起电池外部均衡线短路，短路会直接导致电池打火或者起火爆炸。运输时，应把电池间隔放置在专用电池运输箱或防爆箱，如图5-12所示。

3）低温气候条件下运输，要给电池做保温处理，将电池保存在温暖的环境中。

4）植保无人飞机电池较大，不易取放，容易摔伤，运输过程中电池放置要轻拿轻放。

5）不能将电池与眼镜、手表、金属项链、发夹或其他金属物体一起运输。

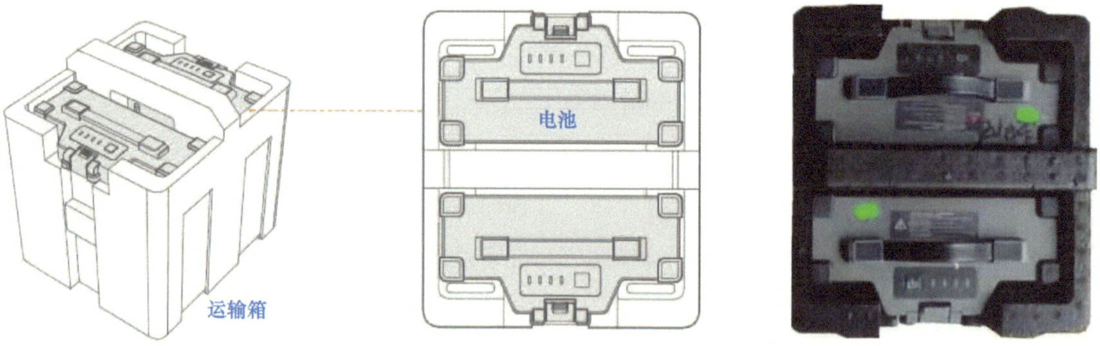

图5-12　智能电池运输箱

4. 电池储存

（1）锂聚合物电池的存放条件

确保锂聚合物电池存放在干燥且无阳光直射的地方。电池储存温度必须在-10～45℃的范围内，长期贮存电池须置于温度为（23±5）℃、湿度为（65±20）%RH的环境中。建议将充电器装入出厂自带的包装箱，并加入干燥剂进行防潮处理。室温对于锂聚合物电池的状态影响不大，但是不能有太阳的直射，高温容易导致锂聚合物电池鼓起或者爆炸。一般会将锂聚合物电池存放于避光闭气的铁盒或者塑料盒里，如果单个锂聚合物电池放电性能非常好的话，还需要购买锂聚合物电池防爆保护袋。这种加强的袋子内部有加强网，可以防止高能锂聚合物电池在出现漏气爆炸的时候对其他物品产生危害。

如不使用电池，应按照使用说明将电池进行捆绑收纳，并将所有接口保护盖盖上，避免金属端子暴露在外。盖上接口保护盖前，务必确保保护盖中无水等杂物。如果保护盖有破损，应立即更换。

操作步骤	操作说明	示意图
1	将智能电池进行捆绑收纳	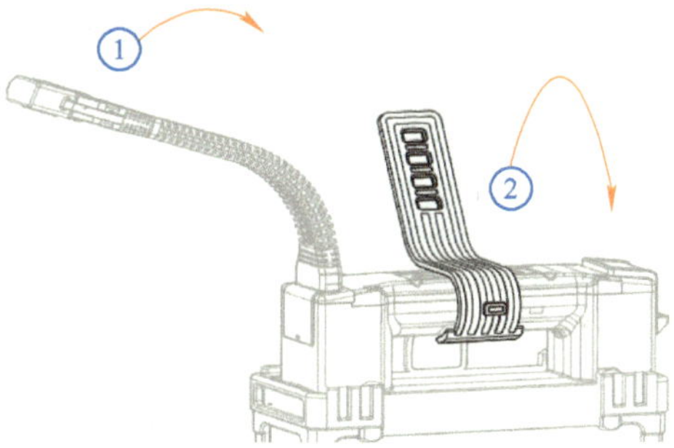
2	确认保护盖中无杂物，将所有接口保护盖盖上，避免金属端子暴露在外	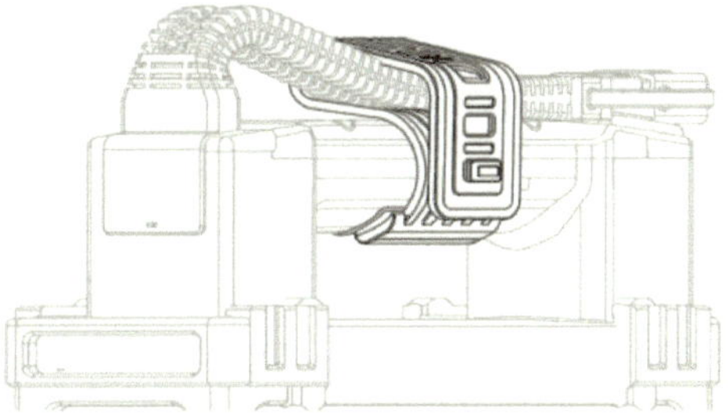
3	将智能电池摆放整齐，不得直接堆积码放，最好摆放在货架上	

（2）存储地点

应配有消防沙、石棉毯、石棉手套、坩埚钳、口罩等消防器材，如图5-13所示。

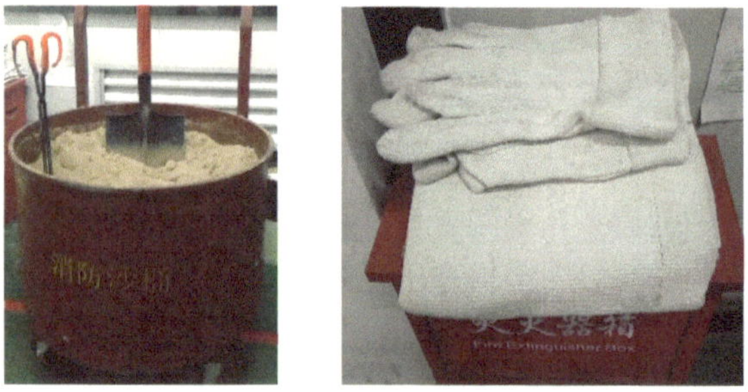

图5-13　消防沙、石棉手套、石棉毯等消防器材

（3）锂聚合物电池的保存电压

锂聚合物电池的安全使用电压的最低值是3.6V，但是为了保证电池不会因为过度放电而损坏，一般最低使用电压的安全值为3.7V，其最高充电截止电压为4.2V。电压最高时，电池储能为峰值，如果长时间保持高电压而不使用的话，锂聚合物电池单体中会有反应产生的气体生成并开始聚集，时间长了锂聚合物电池就鼓包。满电电池化学性质极其活跃，有些电池可能暂时不会鼓，电池可能会直接报废。因此不满电保存，锂聚合物电池的储存电压一般控制在3.7~3.8V。

电压检测方法，以SkyRC PC1080充电器为例：

操作步骤	操作说明	示意图
1	按STOP键数次，直到出现电池电压检测界面。该功能可以检测电池剩余电量、每节电池电压、总电压、最高电压和最低电压	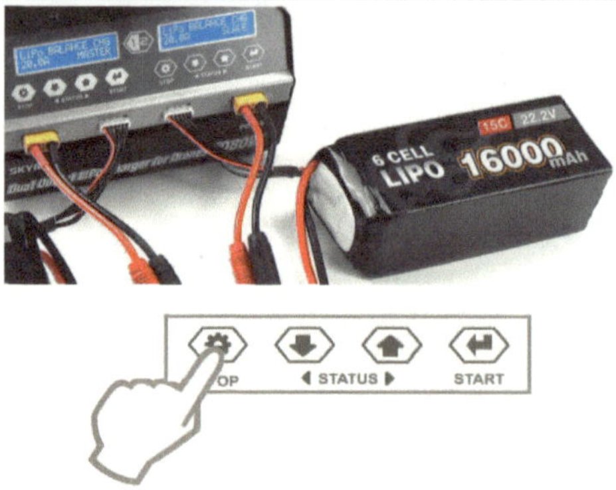
2	界面显示说明中，能够检测的项目，如电池剩余容量、电池总电压、电池最高电压、最低电压、每节电池电压等信息	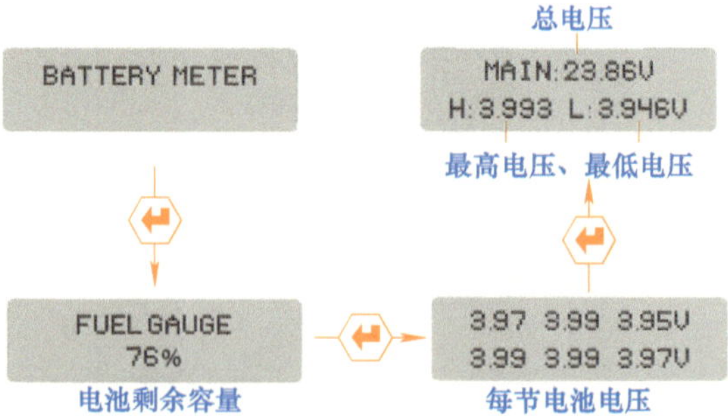

任务评价

评价模块	评价内容与标准	得分
理论知识（30%）	复述植保无人飞机电池充电注意事项（9分）	
	复述常用平衡充电器的充放电方法（12分）	
	熟知锂聚合物电池的运输与储存注意事项（9分）	
实际操作（50%）	正确选择平衡充电器（5分）	
	会操作平衡充电器为动力电池充电（15分）	
	正确选择充电电流和充电电压（15分）	
	学会使用电池管理站为动力电池放电（5分）	
	保存电压设置正确、电池储存环境合适（10分）	
安全规定（20%）	充电器使用正确，注意电池充放电安全注意事项（8分）	
	按规范使用工具、保证用电安全（5分）	
	注意锂聚合物电池运输与储存过程中防火安全（7分）	
合　计		

单元总结

本单元学习了植保无人飞机现场作业、装备整理与清洁、电池充放电与储存等内容。通过学习航线规划作业与A-B点作业的练习，掌握现场作业的流程与方法。通过植保无人飞机设备的转场作业，了解设备转运的安全注意事项。同时，学会填写作业任务执行情况记录表并归档保存。通过作业后装备的整理与清洁的练习，掌握机体检查与清洁、喷洒系统清洁、动力系统检查与清洁、遥控器清洁等技能，了解了相关部件的检查与清洁步骤方法，同时掌握了操作过程中需要注意的安全事项。通过对植保无人飞机动力电池的充、放电与存储操作技能练习，能够正确地进行电池充、放电和存储的操作，掌握操作过程中的程序和要求。通过对植保无人飞机电池充放电练习，掌握常用平衡充电器的操作步骤与方法，学会设置锂聚合物电池充放电电压和电流，了解电池充放电的安全注意事项。通过无人飞机电池运输，掌握锂聚合物电池运输注意事项，了解锂聚合物电池的存放条件与方法。本单元思维导图如图5-14所示。

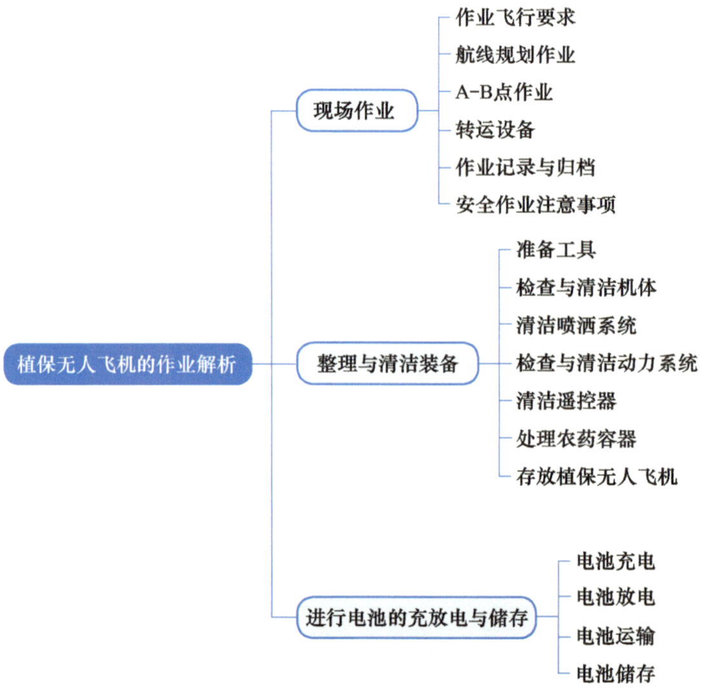

图5-14　思维导图

Unit 6

单元6 植保无人飞机的日常维护

单元概述

1. 职业技能等级证书技能要求

植保无人飞机应用职业技能等级标准植保无人飞机日常维护部分，见表6-1。

表6-1 职业技能等级标准植保无人飞机日常维护

工作任务	职业技能要求
无人飞机检查	◆ 能遵守安全操作规范，检查紧固件是否固定牢靠 ◆ 能遵守安全操作规范，检查旋翼是否工作正常 ◆ 能按照操作手册要求，检查图传、飞行控制器、电调是否工作正常 ◆ 能按照作业要求，正确记录检查结果
无人飞机维护	◆ 能按照安全操作规范，正确拆、装电池 ◆ 能按照操作手册要求，检查机体保持状态良好 ◆ 能按照操作手册要求，完成机体清洁、机件除尘操作
电池检查与维护	◆ 能按照操作手册要求，检查电池电量在正常范围 ◆ 能按照操作手册要求，对电池进行充、放电，保持正常电量 ◆ 能按照操作手册要求，正确存放电池

2. 知识引入

植保无人飞机精密度高、工作环境恶劣，日常维护保养能够延长植保无人飞机的使用寿命和降低使用故障率。植保无人飞机一旦出现故障，其维修的代价相当高昂，因此日常的维护与保养就显得尤为重要。

本单元包括无人飞机检查、无人飞机维护、电池检查与维护等日常维护内容。无人飞机检查主要介绍植保无人飞机整机检查、连接部件检查、图传设备检查、喷洒系统检查等。无人飞机维护环节介绍植保无人飞机的动力系统、喷洒系统和整体的维护与保养。另外，重点介绍无人飞机电池的日常检查维护要点和常见故障解决方法。科学合理地保管和维护植保无人飞机动力电池，能够有效地延长其使用寿命。

任务1 检查无人飞机

任务情境

植保无人飞机设备在长时间的使用后，会不可避免地出现磨损的情况。为了保证飞行安全，使飞机持续工作在最佳状态，需要日常例行检查无人飞机设备。开展例行检查或定期保养，可大幅提升无人飞机设备的可靠性能，降低安全隐患，延长使用寿命。这一过程中，一定要耐心细致地完成每一项检查内容，飞行安全很重要，不能忽略每一个细节，否则有可能会带来不必要的麻烦和损失。

学习目标

1. 知识目标

1）掌握植保无人飞机各部件的检查标准。

2）掌握植保无人飞机各部件的检查内容。

3）熟悉植保无人飞机各个子系统和整体的检查流程。

4）理解植保无人飞机喷洒系统检查的重要性。

2. 能力目标

1）能够检查植保无人飞机设备整机状态。

2）能够检查各部件的连接是否牢固。

3）能够检查图传设备等部件是否工作正常。

4）能够检查喷洒系统的各部件连接是否牢固、喷洒是否正常。

5）能够填写无人飞机设备检查结果记录表。

任务分析

植保无人飞机日常检查包括整机状态检查、连接部件检查、图传设备检查、喷洒系统检查等内容。检查植保无人飞机机体并确保机体无破损，螺钉紧固无松动。确保螺旋桨边缘完整无损坏，螺旋桨安装稳固，螺钉无松脱。检查喷头并确保喷头朝下、无损坏、无松脱、无滴漏、无堵塞。检查软管并确保软管与各接头连接牢固、无滴漏、无堵塞。会正确安装电池，确保电池安装牢固、电池电压满足作业要求。检查药箱并确保药箱无破裂、无滴漏、药箱盖已拧紧。

任务实施

1. 检查整机状态

检查标准：机体框架结构完好无损坏，紧固件固定牢靠，各部件的连接牢固，动力系统工作正常。

1）检查机体结构。植保无人飞机机体振动较为强烈，检查机体框架结构是否牢固，机臂及脚架是否完好，螺旋桨有无破损，是否存在裂纹。

2）检查紧固件。检查螺栓、卡扣、铆钉等连接部位，如有磨损、损坏、松动、滑丝、生锈等情况及时处理。

3）更换易损件。农药有不同程度的腐蚀性，需要及时检查和更换，如管道、转接头、喷嘴、流量计、液位计等与农药接触的部分。

4）检查电机旋转是否顺畅。检查电机有无异响、卡转的现象，检查轴承是否晃动，有无虚位。

5）检查电机动平衡是否良好。如果发现无人飞机振动明显过大，需更换电机。

6）检查螺旋桨安装是否紧固。如螺旋桨安装不规范，易产生振动甚至机身晃动。桨帽螺旋桨一体式的固定方向与该螺旋桨所在电机的转动方向相反。检查正反桨叶是否正确，用手小幅度地来回晃动螺旋桨看螺旋桨的固定是否牢靠。

7）检查锂聚合物电池电量是否充足，避免在低电压情况上电。锂聚合物电池插头是否有明显打火痕迹，如明显发黑则需考虑更换插头。

8）检查动力电池插头是否连接牢靠，不可存在缝隙，否则将有可能导致插头过热。

9）检查关键部位螺钉是否锁紧，螺钉胶可以保证螺钉紧固而不会发生松动。

2. 检查连接部件

检查标准：各主要部件的螺钉牢固，活动部件间隙符合技术要求，各部件的连接是否牢固。

1）检查电机连接件。

①检查电机与电调的连接线，其接线如图6-1所示。连接线和热缩管应无破损，如发现破损，先用绝缘胶带应急包扎处理，有条件立即进行更换维修。

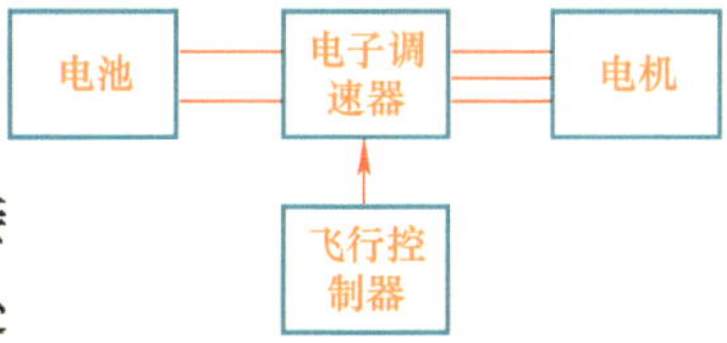

图6-1　电机接线图

②检查电机、转接板和电机座的固定。如电机或转接板有松动，必须及时用解刀进行调整（从电机座上拆下转接板后可见到电机与转接板的固定螺钉）。

③检查电机座与机臂的固定。每个电机座左右各两颗螺钉，有脱落或松动时必须及时补全或拧紧。

2）检查机身连接件。检查各连接件无松动，螺钉无脱落，机臂、碳板无损伤。

3）检查飞控的连线。检查飞控连线无松动、虚接，接收机信号线正常。飞控连线如图6-2所示。

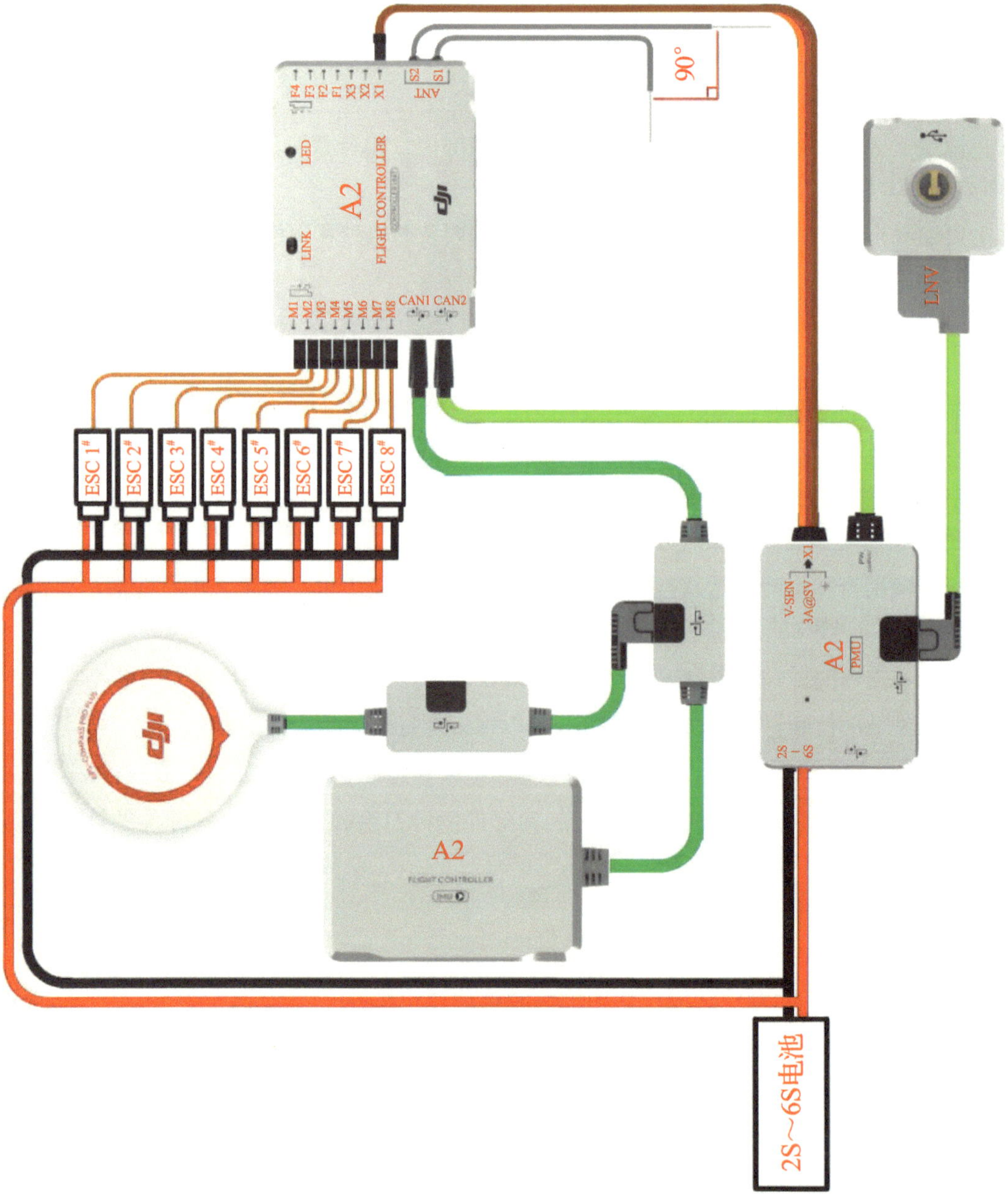

F4
F3
F2
F1
X3
X2
X1
ANT
S2
S1
90°
LED
A2
FLIGHT CONTROLLER
LINK
M1
M2
M3
M4
M5
M6
M7
M8
CAN1
CAN2
LNV
ESC 1#
ESC 2#
ESC 3#
ESC 4#
ESC 5#
ESC 6#
ESC 7#
ESC 8#
X1
V-SEN
3A@5V
A2
PMU
2S
6S
A2
FLIGHT CONTROLLER
2S～6S电池

图6-2 A2飞控接线图

4）检查电池插口。飞机与药箱的连接插口需保持洁净，检查电池插口有无变形，是否牢固。检查流量计，有无被腐蚀现象。

5）检查电调线及外部线缆连接是否正常，有无破损。

3．检查图传设备

检查标准：图传等设备外观完好、无破损，工作正常。

1）检查图传等设备外观，是否有破损，如有破损要及时更换，防止因破损而导致传感器进水产生故障。

2）检查图传设备工作是否正常。

3）不使用时，应盖上产品自带的保护帽，避免阳光直射或暴晒。

4）长时间保存前，将图传设备擦拭干净，将设备放在运送箱内或具有防电击的塑料容器内。

5）避免用手或其他硬物接触及刮花图传设备。

4．检查喷洒系统

检查标准：水泵运转声音正常、支撑机构牢固，软管连接无松动，药箱泄气阀畅通，喷头无堵塞。

作业期间每天要检查确认，非作业期间可每周检查确认。

1）每天检查水泵的运行声音是否正常，发现问题及时处理，严禁水泵在药桶中的液体被抽空的状态下工作。

2）水泵内严禁进入金属物体以及胶皮、棉纱、塑料之类柔性物质，以免损坏，使其不能正常工作。

3）检查水泵进出水管路是否松动，要确保支撑机构牢靠，泵体不承受支撑力。

4）检查软管有无破损、故障、起包，软管必须保证高度密封，检查水泵及管路的连接处是否有松动的现象。

5）检查药箱泄气阀是否畅通，确保伸缩管弹性正常。

6）检查水泵、药箱、电池的接口是否连接牢靠。

7）检查喷头喷洒是否正常，若堵塞需清洗过滤网与喷头，堵塞严重需更换。

5. 记录检查结果

无人飞机检查结果记录表

品牌	名称	数量	配置	状况	备注
				正常（　） 异常（　）	
				正常（　） 异常（　）	
				正常（　） 异常（　）	
				正常（　） 异常（　）	
				正常（　） 异常（　）	
				正常（　） 异常（　）	
				正常（　） 异常（　）	
				正常（　） 异常（　）	
				正常（　） 异常（　）	
				正常（　） 异常（　）	
				正常（　） 异常（　）	
				正常（　） 异常（　）	

检查人签名：　　　　负责人签名：　　　　检查日期：　　年　　月　　日

任务评价

评价模块	评价内容与标准	得分
理论知识（30%）	复述植保无人飞机机架的日常检查内容（9分）	
	复述植保无人飞机喷洒系统检查的要点（12分）	
	熟知植保无人飞机连接部件的检查内容（9分）	
实际操作（50%）	植保无人飞机整机检查操作正确，没有遗漏部件（15分）	
	正确检查连接部件和图传设备，确保工作正常（15分）	
	正确检查喷洒系统的操作，确保喷洒工作正常（10分）	
	能够正确填写无人飞机设备检查结果记录表（10分）	
安全规定（20%）	熟知植保无人飞机各部件的安全检查流程（8分）	
	工具选择正确，能够规范使用工具（5分）	
	按流程进行各项任务实施（7分）	
合　计		

任务2 维护无人飞机

任务情境

无人飞机作为一种比较精密的电子机械设备，除了正常使用外，要想保证其正常飞行和使用寿命，除了要保证按照规范正常操作使用外，还需要日常对无人飞机进行维护保养。而一般消费者对无人飞机了解比较片面，认为无人飞机的设计、组装、调试和飞行就是无人飞机的全部。往往作业后直接装箱收齐，下次作业时再拿出来组装飞行，忽略了无人飞机的日常维护保养。随着作业次数的增加，容易出现零件缺失或损坏、电池异常等问题。

学习目标

1. 知识目标

1）了解器材准备的内容。

2）了解工具的使用方法和注意事项。

3）掌握清洁和维护的部位、程序和方法。

4）熟悉清洁和维护的安全注意事项。

5）掌握无人飞机和植保设备的存放方法和注意事项。

2. 能力目标

1）能够正确选择工具设备。

2）能够正确使用清洁工具。

3）能够按照程序进行作业后机体的清洁。

4）能够按照程序进行作业后设备的检查。

5）能够按照要求正确存放无人飞机和植保设备。

任务分析

植保无人飞机是一种长期、重复使用的工具，经过多次作业后，一些核心零部件容易出现问题。以使用最广泛的多旋翼植保无人飞机为例，喷洒系统、电机、电调、电源和结构连接是需要重点维护的部分。植保无人飞机的喷洒系统是主要作业部件，由于药液在传输、作业过程中产生沉淀，容易在水泵内残留药渣影响正常工作。比如，喷头由于长时间的作业会使滤网外层形成一圈黏黏的药膜，阻挡药液的喷洒，出现堵塞现象，需要定期彻底清洗维护。植保无人飞机及相关附属产品在环境复杂的田间作业，灰尘、药液、露水、杂物等外在的因素对产品性能带来影响，及时清洗维护保养设备、清洗擦拭、润滑涂油，能够保证设备工作时处于最佳状态。

无人飞机日常维护内容包括机体维护、电机维护、螺旋桨拆装、电池的安装、喷洒系统维护、存放点检查等。每一项内容都需要定期清洁和维护，才能保证植保无人飞机安全运行。

任务实施

在田间植保作业，经常接触沙尘及多种腐蚀性农药。为了保证无人飞机及相关设备的正常使用，需要在每次使用后进行清洁和保养。无人飞机桨叶、电机、药箱、水泵是日常维护保养的重心。

1. 维护机体

维护周期：作业期间必须每天清洁，非作业期间可每周维护一次。

1）多旋翼植保无人飞机机身采用强度高、重量轻、耐腐蚀的碳纤维和铝合金材料，由于飞防作业喷洒的药液和田间的灰尘会吸附在机身上，作业后需要及时用抹布擦拭机身上的药液，避免长期积累形成很浓刺鼻的农药味，避免农药腐蚀无人飞机组件，影响正常工作。同时，在机身涂上润滑脂，以达到润滑、防锈、防腐蚀的目的，如图6-3所示。

图6-3　植保无人飞机清洁前后对比

2）清洁植保无人飞机的机身、螺旋桨、电机、电调时，切记勿将水撒弄到飞控、电调和插头及其他电子元件上。

3）如有套筒适度旋紧即可，不可过紧，否则将有可能造成破裂以及难以旋开。

4）定时清理机身进气口过滤网，保证内外气流流动顺畅。

5）对植保无人飞机的螺栓、卡扣、铆钉等连接部位进行定期涂油。

6）使用完毕之后将整机放入航空包装箱，放在不易碰撞的地方保管。

2. 维护电机

维护周期：作业期间必须每天清洁，非作业期间可每周维护一次。

1）检查电机是否藏纳污垢，如图6-4所示。在拆卸前，要用压缩空气吹净电机表面灰尘，并将表面污垢擦拭干净。

2）熟悉电机结构特点，电机带着螺旋桨试转，详细检查电机各部分温度、声音、振动等情况，并测试电压、电流、转速等，然后再卸下螺旋桨，单独做一次空载检查试验，测出空载电流和空载损耗，做好记录。

图6-4　长时间工作状态下的植保无人飞机电机

3）解决常见故障。

① 电机电路接触不良，短路，转轴阻力大。

解决方法：这可能是由于粉尘堆积造成的故障，用毛刷和吹风机清理粉尘。

② 轴承损坏，电机旋转有杂音，阻力较大。

解决方法：可能由于电机进水进液导致电机损坏，根据损坏程度决定电机维修还是换新。

③ 拆卸螺旋桨之后，电机旋转产生的振动明显大于正常电机。

解决方法：电机发生过撞击，动平衡破坏则容易出现以上情况。此时，及时更换相同规格的新电机。

④ 飞机起飞就侧翻，或者起飞后在空中高速旋转。

解决方法：由于电机转向错误导致的，仔细检查确定转向错误的电机，调换该电机的任意两根线即可反向。

3．拆装螺旋桨

维护周期：作业期间必须每天清洁，非作业期间可每周维护一次。

（1）拆卸螺旋桨

在拆卸螺旋桨之前要先把飞机电源切断，保证飞机螺旋桨不会旋转伤人。植保无人飞机螺旋桨大多是可折叠的桨叶，每一个电机上有两片组合在一起的桨叶，由于每个电机上的螺旋桨都是由两片组成的，所以不管是损坏了一片或是两片螺旋桨都要换一对也就是两片螺旋桨，如图6-5所示。固定方式基本都是内六方螺钉固定，拆卸相对较为麻烦。所以要选用尺寸适合的内六方螺钉旋具，逆时针旋转来把螺旋桨的固定螺钉给卸下来。卸下来的螺钉要保存好，螺钉是要重复使用的。

（2）安装螺旋桨

选用与拆下来的螺旋桨相同规格的桨叶，检查要更换上去的新桨是否完整无缺，每一片桨叶都要把桨叶上的螺孔对准电机上的螺孔，对正螺孔以后将螺钉垂直插入，用尺寸合适的内六方螺钉旋具顺时针旋转紧固螺钉。正桨与反桨不要装反，装反会导致飞机无法起飞，容易损坏飞机。正桨逆时针旋转、反桨顺时针旋转，同时抵消因旋转产生的转矩，如图6-6所示。还有一种是共轴反转，正桨和反桨安装于同一根轴上，按照相反的方向旋转，抵消转矩。

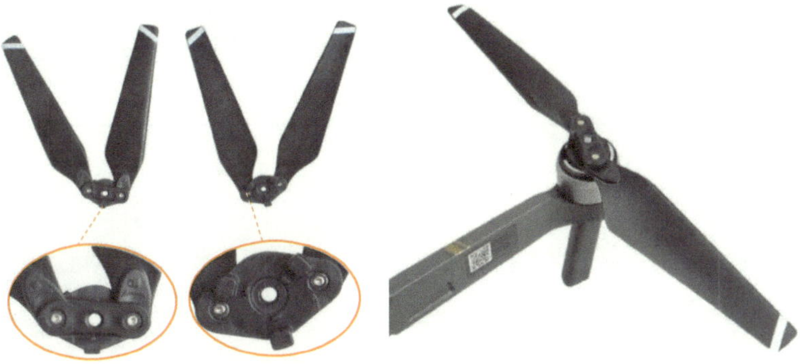

图6-5　折叠螺旋桨

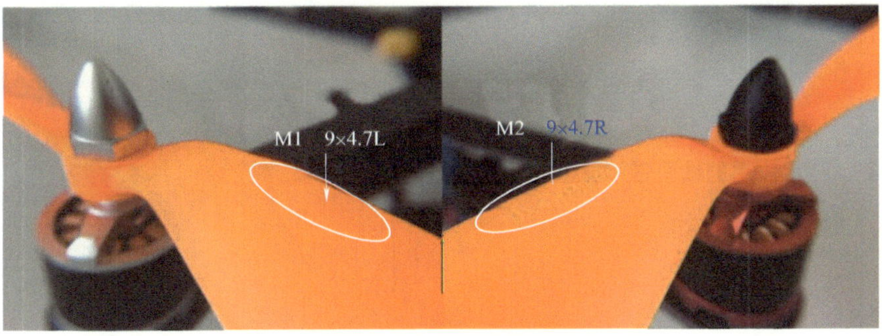

图6-6　正反桨安装标识

（3）常见故障解决

1）无人飞机未起飞就侧翻，或者空中自旋。

解决方法：这是由于螺旋桨与机臂属性不一致造成的。每次更换桨叶必须反复检查螺旋桨和机臂的属性，更换桨叶后进行试飞，轻微拨动遥控器摇杆观察无人飞机桨叶状态，确定无误后再推大油门。

2）无人飞机振动加大，操作迟钝、失灵，影响无人飞机安全。

解决方法：如果螺旋桨叶残缺，会出现上述情况。因此，当发现桨叶有裂纹、残缺时，应立刻成对更换桨叶。

3）拨动桨叶可轻易发生垂直方向晃动。

解决方法：定时检查桨叶螺钉，用高强度的螺钉胶锁紧，并定期检查。

4．安装电池

（1）动力电池的安装与固定

操作步骤	操作说明	示意图
1	选择合适长短的动力电池魔术贴扎带，可保证稳固安装电池	
2	将电池定位使用的魔术贴粘在微型多旋翼实训无人飞机的重心处	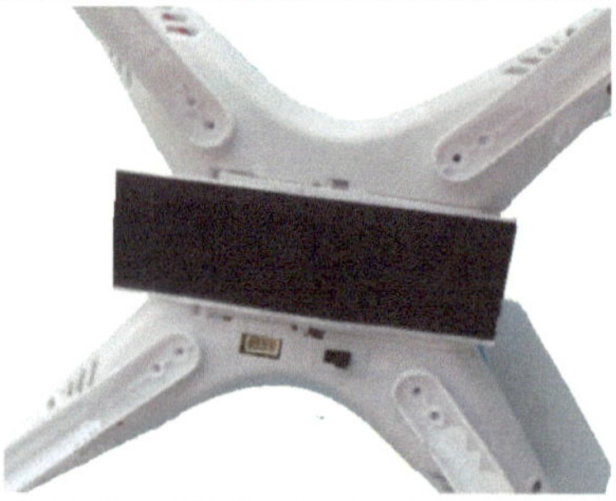
3	将定位用的绒面带胶魔术贴粘在动力电池下表面	
4	将动力电池通过魔术贴压实到机架之上。将魔术贴扎带绕过机架结构，将机体与动力电池一同扎紧贴合在一起	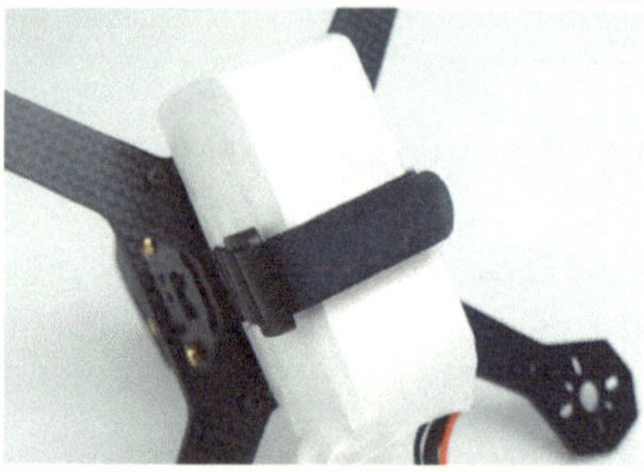
5	连接动力电池与无人飞机机体上的电源插头	

（2）智能电池的安装与固定

操作步骤	操作说明	示意图
1	将电池装入电池安装位置，确保电池安装稳固	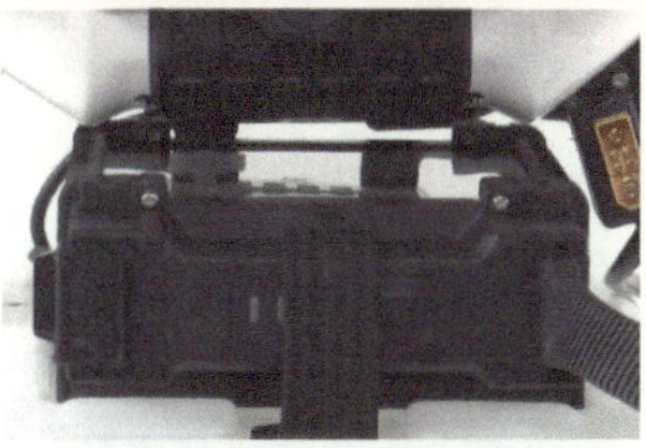
2	将电池扎带扣在电池固定扣上	
3	连接飞机电源。 注意：安装或拆卸植保无人飞机电池时，要保持电池的电源关闭。不能在电池电源打开状态下拔插电池，否则可能损坏电源接口	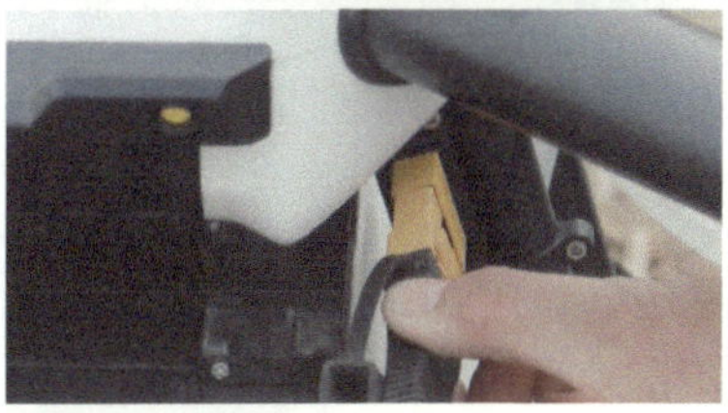

5．维护喷洒系统

维护周期：作业期间必须每天清洁，非作业期间可每周维护一次。

（1）水泵维护

图6-7所示为植保无人飞机水泵。

1）植保无人飞机的水泵应保持设备清洁、干燥、无油污、不泄漏。

2）水泵长时间不用时，应将其拆开，做防锈处理，重新装好，妥善保存，以备下次再用。

3）如果水泵长期停用，需将水泵内部水分全部处理干净，可用吹风机、干抹布等工具。

4）防止水泵锈蚀：当水泵不用时，应擦拭干净，放在通风干燥处。如水泵的表面受损脱漆，应及时清除锈迹，涂抹防锈漆，加以保护。

5）常见故障解决。

植保无人飞机出现水泵故障的主要原因是由于使用对水泵损伤较大的药剂，由于药液在传输、作业过程中产生沉淀，导致水泵内残留药渣影响其正常工作。

图6-7　植保无人飞机水泵

解决方法:

① 选择使用飞防专用药剂或适合飞防作业的普通药剂。

② 不使用粉剂、可湿性粉剂、水分散粒剂等浓稠度大的药剂。

③ 稀释药剂时不使用浑浊水，必须使用干净清洁水。

④ 稀释药剂时，采用二次稀释法。

⑤ 将配好的药液过滤后再灌入药箱。

⑥ 避免植保无人飞机在水泵故障时“带病”作业。

（2）滤网维护

图6-8所示为植保无人飞机滤网。

1）滤网的作用是过滤药箱里面较大颗粒的药物，防止喷头堵塞，影响喷洒效率。每次作业后，用水浸泡滤网，用软刷子刷去滤网表面的残留物。

2）滤网属于易损物品，作业时需携带备用滤网，以备更换使用。

图6-8　植保无人飞机滤网

（3）喷头维护

图6-9所示为植保无人飞机喷头。

1）长时间的作业会使滤网外层形成一圈黏黏的药膜阻挡药液的喷洒，必须勤清洗。

2）喷头前面的喷嘴由特殊材质制成，在喷头保存、装卸、清洗、浸泡时要小心操作，不要损坏。

3）喷头的堵塞一般都是长期积累的结果，在使用时一定要时刻保持喷头的畅通状态，要定期彻底清洗，长时间不使用时可将喷头拆下，长时间浸泡。

图6-9　植保无人飞机喷头

4）清洗方法：

①简单清洗：可用软毛刷等蘸喷头清洗液将喷嘴外的残留物清洁掉，用吸尘器将喷头内的残留液吸出，使喷嘴畅通。

②中度清洗：清洗前先将带清洗管的注射器吸满清洗液；清洗时，先拔下墨管，然后将清洗管插入喷头进墨口中，使带有压力的清洗液从进墨管进入喷头，直至喷头内油墨被冲干净。

③深度清洗：喷嘴堵塞严重的喷头必须拆下彻底清洗，可长时间浸泡（溶解喷嘴内凝结的药液），或用超声波清洗机清洗（注意清洗时间不能太长），也可直接交给清洗喷头的单位处理。

（4）药箱

图6-10所示为植保无人飞机药箱。

1）药箱是系统中接触农药最多的部件，首先需要保持泄气阀清洁畅通，同时药箱接口需要保持清洁，保证伸缩管弹性正常。

2）水泵、药箱、电池的接口需要保持清洁。水泵的滤网要注意清洁，避免造成堵塞。

3）每天作业完毕应往药箱灌入清水，开启水泵，以冲洗整个喷洒系统。

4）不同使用类型的药剂，一定要注意避免药箱混用。

图6-10　植保无人飞机药箱

（5）软管

图6-11所示为植保无人飞机软管。

1）橡胶制品是由天然橡胶和其他合成橡胶按照比例配制成，时间长了会氧化腐蚀，橡胶接头制品中含有挥发物质，无论是在潮湿还是在干燥环境中，都会缩减它的寿命。因此，严禁暴晒、雨淋、风蚀。

2）使用或储存橡胶接头，应避免高温、臭氧、油及酸碱环境。

3）软管接头表面严禁刷漆和缠绕保温材料。

4）因软管等橡胶制品存在老化问题，应及时检查更换。

图6-11　植保无人飞机软管

6. 检查存放点

周期：作业期间每天要检查确认，非作业期间可每周检查确认。

植保无人飞机在非使用期间需要进行存放（见图6-12），存放需要注意以下几点：

1）植保无人飞机存放地必须选择防水、防晒、防虫、防火、远离可能形成线路漏电的场所。

2）存放时应注意固定牢靠并保证植保无人飞机不会受到其他物品挤压。

3）如果存放时间过长，为防止旋翼变形，可以将旋翼拆卸后悬挂。

4）在对电池和遥控器进行存放时，需放在单独的箱子里，注意防火、防潮、防暴晒。

5）药箱与电池等分开存放，需注意防火、防潮、防暴晒，远离可能形成线路漏电的场所。

6）长时间存放时将电池充放到存储电压，每隔一个月充放一次。

7）各活动部位每隔一段时间应通电测试或进行涂油润滑。

8）存放后要做好监管工作，以防他人误动、误调。

图6-12　植保无人飞机正确存放

7. 记录维护日志

无人飞机维护日志

品牌	名称	数量	配置	状况	备注
				正常（　　） 异常（　　）	
				正常（　　） 异常（　　）	
				正常（　　） 异常（　　）	
				正常（　　） 异常（　　）	
				正常（　　） 异常（　　）	
				正常（　　） 异常（　　）	
				正常（　　） 异常（　　）	
				正常（　　） 异常（　　）	
				正常（　　） 异常（　　）	
				正常（　　） 异常（　　）	
				正常（　　） 异常（　　）	
				正常（　　） 异常（　　）	

检查人签名:　　　　　负责人签名:　　　　　检查日期:　　年　　月　　日

任务评价

评价模块	评价内容与标准	得分
理论知识（30%）	复述植保无人飞机日常维护内容（10分）	
	复述植保无人飞机日常维护程序（10分）	
	熟知植保无人飞机日常维护的操作注意事项（10分）	
实际操作（50%）	植保无人飞机整机维护操作正确，没有遗漏部件（10分）	
	螺旋桨和电池安装正确，确保工作正常（15分）	
	喷洒系统的维护操作正确，确保喷洒工作正常（10分）	
	植保无人飞机存放点选择正确，飞机摆放整齐（5分）	
	能够正确填写无人飞机设备维护保养记录表（10分）	
安全规定（20%）	熟知植保无人飞机各部件的清洁、维护流程（8分）	
	工具选择正确，能够规范使用工具（5分）	
	按流程进行各项任务实施（7分）	

任务3 检查与维护电池

任务情境

电池是植保无人飞机的动力来源。植保无人飞机载荷大、负担重，在作业过程中一旦出现故障，往往损失惨重，只有保持动力系统设备良好的状态，才能提高飞防作业效率。因此，电池的检查与维护工作非常重要。植保无人飞机的飞行时间长、环境振动大，对电池组的耐用性要求很高，再加上对电池的维护保养意识淡薄，经常出现电池满电存储现象，造成电池性能下降很快。除此之外，智能电池在充电、存放过程中使用方法不对，也会对其寿命产生影响。

学习目标

1. 知识目标

1）了解电池外观检查的内容。

2）了解工具的使用方法和注意事项。

3）掌握智能电池检查的程序和方法。

4）掌握智能电池维护内容、程序和方法。

5）熟悉电池检查与维护的安全注意事项。

6）了解植保无人飞机电池检查与维护的必要性。

2. 能力目标

1）检查智能电池外观是否正常，会清洁电池表面。

2）能够正确检查智能电池。

3）能够正确选择电池存放点，符合安全要求。

4）能够处理电池常规故障。

5）电池储存方法正确，符合防火要求。

任务分析

电池是植保无人飞机的核心动力来源，植保无人飞机对于电池的性能要求特别高，目前绝大多数植保无人飞机电池都采用锂聚合物电池。由于植保无人飞机工作的特点，植保无人飞机电池电压下降非常快，控制不好就容易导致过放，轻则损伤电池，重则造成炸机。无人飞机电池过放，对飞机电池寿命损害非常大，因此要格外注重对电池的日常保养。应该定期检查电池主体、把手、线材、电源插头，观察外观是否受损、变形、腐蚀、变色、破皮，以及插头与飞机的接插是否过松。每次作业结束，须用干布擦拭电池表面及电源插头，确保没有农药残留，以免腐蚀电池。

任务实施

1. 检查电池

周期：作业期间每天要检查确认，非作业期间可每周维护确认。

检查要点：检查电池电线是否破损，电池是否有膨胀，电压是否正常。

1）定期检查电池主体、把手、线材、电源插头，观察外观是否受损、变形、腐蚀、变色、破皮，以及插头与飞机的接插是否过松。

2）用干布擦拭电池表面及电源插头，确保没有农药残留和异物，以免腐蚀电池。

3）智能电池自带的LED指示灯，可以显示当前电池的电量，如图6-13所示。

图6-13　智能电池电量指示灯

2．维护电池

（1）定期清洁电池

1）定期清洁保护盖，如果有农药残留或者其他异物则需要清理或者更换。

2）如果发现电源及充电平衡接口有烧黑或腐蚀现象，则需要更换相应部件。

（2）电池不过充

有些充电器在充满以后的断电功能不完善，导致单片电池充满到4.2V还没有停止充电，另外，有些充电器使用一段时间以后，因为元器件老化，也容易出现充满不停止的问题。如果锂聚合物电池过充的话，轻则影响电池寿命，重则直接出现爆炸起火。所以防止锂聚合物电池过充，应注意以下几点：

1）使用原厂专用的充电器。植保无人飞机专用充电器具备充电和保养功能，拥有过压、过充、过流等多重充电保护，操作简单，一体化设计，转场方便。

2）准确设置电池组的电池单体个数。充电的头几分钟必须仔细观察充电器的显示屏，在上面会显示电池组的电池个数。如果不清楚，就不应当充电。

3）新锂聚合物电池组第一次充电时，检查电池组每个电池单体的电压。

4）无人照看不要充电，充电时一定要按照电池规定的充电C数或更低的C数进行充电，不可超过规定充电电流。

（3）不满电保存

1）满电电池化学性质极其活跃，因此不能满电保存超过3天。如果超过一个星期不放电，则存在胀气的风险，即使有些电池可能暂时不鼓，但几次满电保存后，电池可能会直接报废。

2）正确的充电方式应是在植保无人飞机有飞行任务前充电，电池充电后如在3天内没有飞行任务，则将单片电压充至3.80～3.90V保存。如在三个月内不使用电池，则电池充放电一次后继续保存，这样可延长电池寿命。

（4）电池保存环境

1）电池应放置在阴凉的环境下贮存，长期存放电池时，最好能放在密封袋中或密封的防爆箱内，建议环境温度为10～25°C，且干燥、无腐蚀性气体。

2）切勿将电池存储在室温超过45℃或低于-20℃的环境，切勿将电池存储在室温超过50℃的环境下。

（5）不破坏电池包装

电池的外包装是防止电池爆炸和漏液起火的重要结构，锂聚合物电池的铝塑膜破损将会直接导致电池起火或爆炸。

3．解决常见故障

（1）电池鼓包的处理

电池鼓包是因为在使用过程中，电池内部发生近似于短路的剧烈反应，生成大量的热，进而导致电解质分解气化，电池就鼓起来了，如图6-14所示。出现电池鼓包的原因有：

图6-14　锂电池鼓包

1）电池制造时电极涂层不均匀，生产工艺比较粗糙。

2）在电池使用过程中，经常过充电和过放电。

3）电池满电储存时间过长，超过15天以上。

4）长时间在高温环境下存储，电池电解液分解产生气体。

5）工作电流超出电池标称电流，导致超负荷工作引发电池受损、胀气。

电池鼓包的解决方法：

首先用保鲜膜将电池密封包好，然后放进冰箱降温半小时左右。将温度降低后的电池取出，然后将电池表面包装纸揭开。用木质牙签在电池表面扎一个小孔儿，用手指按压，排出电池内的气体，用胶带封上气孔。

（2）电池起火应急处置

图6-15所示为植保无人飞机电池起火损坏。无人飞机电池着火原因主要有：

1）过充过放：电池过充或过放，使电池组中单体电池不平衡导致起火。

2）刺破：尖锐物品刺伤电池，导致正负极片短路起火。

3）撞击变形：电池组在受到撞击、挤压等外力时出现形变，导致正负极片短路起火。

4）外部短路：正负极短路、保护板元件短路导致起火。

5）内部短路：粉尘、毛刺刺破隔膜起火。

图6-15　植保无人飞机电池起火损坏

电池起火的解决方法：

1）电池在充电站上发生起火时，首先切断设备电源。

2）用石棉手套或火钳摘下充电站架上燃烧的电池，隔置于地面或消防沙桶中。

3）用石棉毯盖住地面上电池燃烧的火苗。

4）用消防沙掩埋石棉毯隔绝空气使火苗息灭。

5）若需将使用殆尽的电池报废，应用盐水完全浸泡电池72小时以上，确保完全放电后再进行晾干报废。

切忌用干粉扑灭，因干粉对固体金属化学火灾需要大量粉尘覆盖，且对设备有腐蚀作用、污染空间。二氧化碳不污染空间，也不腐蚀机器，但只能达到对火苗瞬间抑制的作用，需用沙石、石棉毯配合灭火。

任务评价

评价模块	评价内容与标准	得分
理论知识（30%）	复述植保无人飞机电池的检查要点（9分）	
	复述植保无人飞机电池的维护项目（12分）	
	熟知植保无人飞机电池的检查与维护必要性（9分）	
实际操作（50%）	会检查智能电池外观是否正常，正确清洁电池表面（10分）	
	对智能电池的电量检查正确（10分）	
	智能电池存放环境、存放方法正确，符合安全要求（10分）	
	理解电池出现鼓包的原因，处理方法正确（10分）	
	理解无人飞机电池起火可能的原因，防火措施得当（10分）	
安全规定（20%）	电池储存方法正确，符合防火要求（8分）	
	按规范使用工具、保证用电安全（5分）	
	按流程进行各项任务实施（7分）	
合　计		

单元总结

本单元学习了无人飞机日常检查、无人飞机日常维护、电池检查与维护等内容。通过学习植保无人飞机整机状态检查练习，掌握整机状态检查标准、流程与方法。通过植保无人飞机喷洒系统的检查，掌握喷洒设备检查标准、检查内容及部件清洁注意事项。同时学会填写无人飞机检查结果记录表并归档保存。通过无人飞机日常维护练习，掌握无人飞机机体的维护周期与要点、学会拆装螺旋桨、安装电池等技能。通过喷洒系统维护训练，掌握了水泵、滤网、喷头、药箱、软管等部件的清洁要点与清洁方法，掌握了相关部件的常见故障解决方法。同时理解了植保无人飞机存放点的检查要点与填写无人飞机维护保养记录表。通过对植保无人飞机电池检查与维护练习，掌握智能电池电量测定方法，学会电池常见故障解决方法。本单元思维导图如图6-16所示。

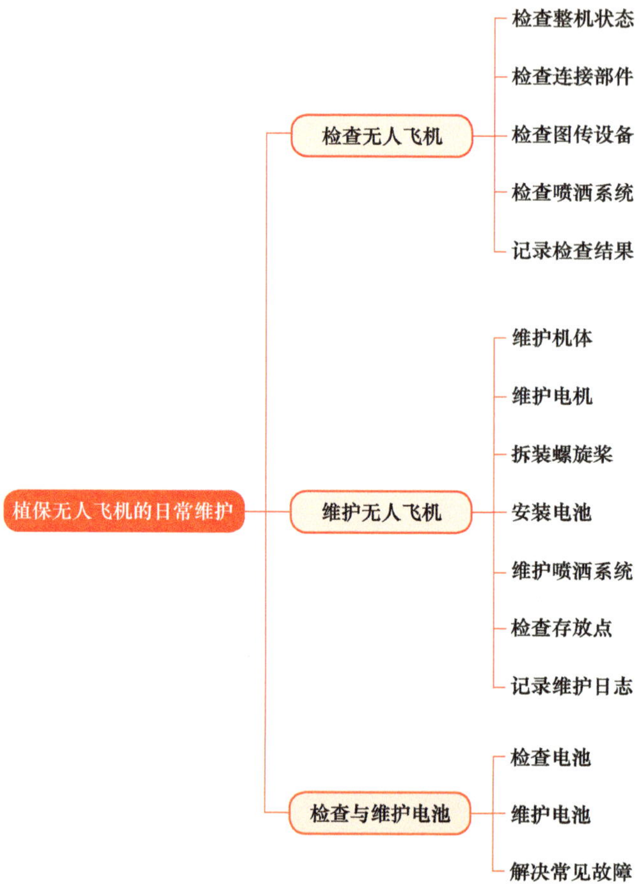
植保无人飞机的日常维护
检查无人飞机
检查整机状态
检查连接部件
检查图传设备
检查喷洒系统
记录检查结果
维护无人飞机
维护机体
维护电机
拆装螺旋桨
安装电池
维护喷洒系统
检查存放点
记录维护日志
检查与维护电池
检查电池
维护电池
解决常见故障

图6-16　思维导图

附录

附录A

无人机飞行管理法规

民用无人机法律法规是无人机应用的法律保障基石，它使无人机飞行、作业等有法可依。依据《中华人民共和国民用航空法》《中华人民共和国飞行基本规则》《中国民用航空空中交通管制工作规则》《通用航空飞行管制条例》等制定了无人机相关法规，如由我国民用航空局根据民用无人机的发展状况，制定的相关规定与办法。

《通用航空飞行管制条例》摘要

第二章　飞行空域的划设与使用

第六条　从事通用航空飞行活动的单位、个人使用机场飞行空域、航路、航线，应当按照国家有关规定向飞行管制部门提出申请，经批准后方可实施。

第七条　从事通用航空飞行活动的单位、个人，根据飞行活动要求，需要划设临时飞行空域的，应当向有关飞行管制部门提出划设临时飞行空域的申请。

划设临时飞行空域的申请应当包括下列内容：

（一）临时飞行空域的水平范围、高度；

（二）飞入和飞出临时飞行空域的方法；

（三）使用临时飞行空域的时间；

（四）飞行活动性质；

（五）其他有关事项。

第八条　划设临时飞行空域，按照下列规定的权限批准：

（一）在机场区域内划设的，由负责该机场飞行管制的部门批准；

（二）超出机场区域在飞行管制分区内划设的，由负责该分区飞行管制的部门批准；

（三）超出飞行管制分区在飞行管制区内划设的，由负责该管制区飞行管制的部门批准；

（四）在飞行管制区间划设的，由中国人民解放军空军批准。

批准划设临时飞行空域的部门应当将划设的临时飞行空域报上一级飞行管制部门备案，并通报有关单位。

第九条 划设临时飞行空域的申请，应当在拟使用临时飞行空域7个工作日前向有关飞行管制部门提出；负责批准该临时飞行空域的飞行管制部门应当在拟使用临时飞行空域3个工作日前作出批准或者不予批准的决定，并通知申请人。

第十条 临时飞行空域的使用期限应当根据通用航空飞行的性质和需要确定，通常不得超过12个月。

因飞行任务的要求，需要延长临时飞行空域使用期限的，应当报经批准该临时飞行空域的飞行管制部门同意。

通用航空飞行任务完成后，从事通用航空飞行活动的单位、个人应当及时报告有关飞行管制部门，其申请划设的临时飞行空域即行撤销。

第十一条 已划设的临时飞行空域，从事通用航空飞行活动的其他单位、个人因飞行需要，经批准划设该临时飞行空域的飞行管制部门同意，也可以使用。

第三章 飞行活动的管理

第十二条 从事通用航空飞行活动的单位、个人实施飞行前，应当向当地飞行管制部门提出飞行计划申请，按照批准权限，经批准后方可实施。

第十三条 飞行计划申请应当包括下列内容：

（一）飞行单位；

（二）飞行任务性质；

（三）机长（飞行员）姓名、代号（呼号）和空勤组人数；

（四）航空器型别和架数；

（五）通信联络方法和二次雷达应答机代码；

（六）起飞、降落机场和备降场；

（七）预计飞行开始、结束时间；

（八）飞行气象条件；

（九）航线、飞行高度和飞行范围；

（十）其他特殊保障需求。

第十四条 从事通用航空飞行活动的单位、个人有下列情形之一的，必须在提出飞行计划申请时，提交有效的任务批准文件：

（一）飞出或者飞入我国领空的（公务飞行除外）；

（二）进入空中禁区或者国（边）界线至我方一侧10公里之间地带上空飞行的；

（三）在我国境内进行航空物探或者航空摄影活动的；

（四）超出领海（海岸）线飞行的；

（五）外国航空器或者外国人使用我国航空器在我国境内进行通用航空飞行活动的。

第十五条 使用机场飞行空域、航路、航线进行通用航空飞行活动，其飞行计划申请由当地飞行管制部门批准或者由当地飞行管制部门报经上级飞行管制部门批准。

使用临时飞行空域、临时航线进行通用航空飞行活动，其飞行计划申请按照下列规定的权限批准：

（一）在机场区域内的，由负责该机场飞行管制的部门批准；

（二）超出机场区域在飞行管制分区内的，由负责该分区飞行管制的部门批准；

（三）超出飞行管制分区在飞行管制区内的，由负责该区域飞行管制的部门批准；

（四）超出飞行管制区的，由中国人民解放军空军批准。

第十六条 飞行计划申请应当在拟飞行前1天15时前提出；飞行管制部门应当在拟飞行前1天21时前作出批准或者不予批准的决定，并通知申请人。

执行紧急救护、抢险救灾、人工影响天气或者其他紧急任务的，可以提出临时飞行计划申请。临时飞行计划申请最迟应当在拟飞行1小时前提出；飞行管制部门应当在拟起飞时刻15分钟前作出批准或者不予批准的决定，并通知申请人。

第十七条 在划设的临时飞行空域内实施通用航空飞行活动的，可以在申请划设临时飞行空域时一并提出15天以内的短期飞行计划申请，不再逐日申请；但是每日飞行开始前和结束后，应当及时报告飞行管制部门。

第十八条 使用临时航线转场飞行的，其飞行计划申请应当在拟飞行2天前向当地飞行管制部门提出；飞行管制部门应当在拟飞行前1天18时前作出批准或者不予批准的决定，并通知申请人，同时按照规定通报有关单位。

第十九条 飞行管制部门对违反飞行管制规定的航空器，可以根据情况责令改正或者停止其飞行。

第四章　飞行保障

第二十条 通信、导航、雷达、气象、航行情报和其他飞行保障部门应当认真履行职责，密切协同，统筹兼顾，合理安排，提高飞行空域和时间的利用率，保障通用航空飞行顺利实施。

第二十一条　通信、导航、雷达、气象、航行情报和其他飞行保障部门对于紧急救护、抢险救灾、人工影响天气等突发性任务的飞行，应当优先安排。

第二十二条　从事通用航空飞行活动的单位、个人组织各类飞行活动，应当制定安全保障措施，严格按照批准的飞行计划组织实施，并按照要求报告飞行动态。

第二十三条　从事通用航空飞行活动的单位、个人，应当与有关飞行管制部门建立可靠的通信联络。

在划设的临时飞行空域内从事通用航空飞行活动时，应当保持空地联络畅通。

第二十四条　在临时飞行空域内进行通用航空飞行活动，通常由从事通用航空飞行活动的单位、个人负责组织实施，并对其安全负责。

第二十五条　飞行管制部门应当按照职责分工或者协议，为通用航空飞行活动提供空中交通管制服务。

第二十六条　从事通用航空飞行活动需要使用军用机场的，应当将使用军用机场的申请和飞行计划申请一并向有关部队司令机关提出，由有关部队司令机关作出批准或者不予批准的决定，并通知申请人。

第二十七条　从事通用航空飞行活动的航空器转场飞行，需要使用军用或者民用机场的，由该机场管理机构按照规定或者协议提供保障；使用军民合用机场的，由从事通用航空飞行活动的单位、个人与机场有关部门协商确定保障事宜。

第二十八条　在临时机场或者起降点飞行的组织指挥，通常由从事通用航空飞行活动的单位、个人负责。

第二十九条　从事通用航空飞行活动的民用航空器能否起飞、着陆和飞行，由机长（飞行员）根据适航标准和气象条件等最终确定，并对此决定负责。

第三十条　通用航空飞行保障收费标准，按照国家有关国内机场收费标准执行。

第五章　升放和系留气球的规定

第三十一条　升放无人驾驶自由气球或者系留气球，不得影响飞行安全。

本条例所称无人驾驶自由气球，是指无动力驱动、无人操纵、轻于空气、总质量大于4千克自由飘移的充气物体。

本条例所称系留气球，是指系留于地面物体上、直径大于1.8米或者体积容量大于3.2立方米、轻于空气的充气物体。

第三十二条　无人驾驶自由气球和系留气球的分类、识别标志和升放条件等，应当符合国家有关规定。

第三十三条 进行升放无人驾驶自由气球或者系留气球活动，必须经设区的市级以上气象主管机构会同有关部门批准。具体办法由国务院气象主管机构制定。

第三十四条 升放无人驾驶自由气球，应当在拟升放2天前持本条例第三十三条规定的批准文件向当地飞行管制部门提出升放申请；飞行管制部门应当在拟升放1天前作出批准或者不予批准的决定，并通知申请人。

第三十五条 升放无人驾驶自由气球的申请，通常应当包括下列内容：

（一）升放的单位、个人和联系方法；

（二）气球的类型、数量、用途和识别标志；

（三）升放地点和计划回收区；

（四）预计升放和回收（结束）的时间；

（五）预计飘移方向、上升的速度和最大高度。

第三十六条 升放无人驾驶自由气球，应当按照批准的申请升放，并及时向有关飞行管制部门报告升放动态；取消升放时，应当及时报告有关飞行管制部门。

第三十七条 升放系留气球，应当确保系留牢固，不得擅自释放。

系留气球升放的高度不得高于地面150米，但是低于距其水平距离50米范围内建筑物顶部的除外。

系留气球升放的高度超过地面50米的，必须加装快速放气装置，并设置识别标志。

第三十八条 升放的无人驾驶自由气球或者系留气球中发生下列可能危及飞行安全的情况时，升放单位、个人应当及时报告有关飞行管制部门和当地气象主管机构：

（一）无人驾驶自由气球非正常运行的；

（二）系留气球意外脱离系留的；

（三）其他可能影响飞行安全的异常情况。

加装快速放气装置的系留气球意外脱离系留时，升放系留气球的单位、个人应当在保证地面人员、财产安全的条件下，快速启动放气装置。

第三十九条 禁止在依法划设的机场范围内和机场净空保护区域内升放无人驾驶自由气球或者系留气球，但是国家另有规定的除外。

第六章 法律责任

第四十条 违反本条例规定，《中华人民共和国民用航空法》、《中华人民共和国飞行基本规则》及有关行政法规对其处罚有规定的，从其规定；没有规定的，适用本章规定。

第四十一条 从事通用航空飞行活动的单位、个人违反本条例规定，有下列情形之一的，由有关部门按照职责分工责令改正，给予警告；情节严重的，处2万元以上10万元以下罚款，并可给予责令停飞1个月至3个月、暂扣直至吊销经营许可证、飞行执照的处罚；造成重大事故或者严重后果的，依照刑法关于重大飞行事故罪或者其他罪的规定，依法追究刑事责任：

（一）未经批准擅自飞行的；

（二）未按批准的飞行计划飞行的；

（三）不及时报告或者漏报飞行动态的；

（四）未经批准飞入空中限制区、空中危险区的。

第四十二条 违反本条例规定，未经批准飞入空中禁区的，由有关部门按照国家有关规定处置。

第四十三条 违反本条例规定，升放无人驾驶自由气球或者系留气球，有下列情形之一的，由气象主管机构或者有关部门按照职责分工责令改正，给予警告；情节严重的，处1万元以上5万元以下罚款；造成重大事故或者严重后果的，依照刑法关于重大责任事故罪或者其他罪的规定，依法追究刑事责任：

（一）未经批准擅自升放的；

（二）未按照批准的申请升放的；

（三）未按照规定设置识别标志的；

（四）未及时报告升放动态或者系留气球意外脱离时未按照规定及时报告的；

（五）在规定的禁止区域内升放的。

第四十四条 按照本条例实施的罚款，应当全额上缴财政。

附录B

无人机飞行空域划分与管理

（1）无人机飞行空域划分

无人机飞行空域主要依靠完善的法规和制度、科学的空域划设、灵活的飞行程序、共享的信息平台、准确的通信和监视来进行管理。无人机飞行空域划分如下：

视距内运行（Visual Line of Sight operations，VLOS operations）：无人机驾驶员或观测员与无人机保持直接目视视觉接触的操作方式，无人机处于驾驶员或观测员目视视距内半径500米，相对高度低于120米的飞行区域内。

超视距运行（Extended VLOS operations，EVLOS operations）：无人机在目视视距以外的运行。

融合空域：是指有其他有人驾驶航空器同时运行的空域。

隔离空域：专门分配给无人机运行的空域，通过限制其他航空器的进入以规避碰撞风险。

人口稠密区：是指城镇、乡村、繁忙道路或大型露天集会场所等区域。

重点地区：是指军事重地、核电站和行政中心等关乎国家安全的区域及周边，或地方政府临时划设的区域。

机场净空区：也称机场净空保护区域，是指为保护航空器起飞、飞行和降落安全，根据民用机场净空障碍物限制要求划定的空间范围。

（2）无人机飞行管理的分类

民用无人机划分为7类，除了按重量，将空机重量≤116千克和起飞全重≤150千克的无人机分为4类以外，还设定植保类无人机为V类无人机，无人飞艇为VI类无人机，100米之外超视距运行的I、II类无人机为VII类无人机。

（3）无须证照管理的无人机

I类无人机：空机重量和起飞全重小于1.5千克。

在室内、拦网内等隔离空间运行的无人机。

（4）无人机飞行管理的要求

无人机云系统（简称无人机云）：是指轻小型民用无人机运行的动态数据库系统，用于向无人机用户提供航行服务、气象服务等，对民用无人机运行数据（包括运营信息、位置、高度和速度等）进行实时监测。接入系统的无人机应即时上传飞行数据，无人机云系统对侵入电子围栏的无人机具有报警功能。

电子围栏：是指为阻挡即将侵入特定区域的航空器，在相应电子地理范围中画出特定区域，并配合飞行控制系统、保障区域安全的软硬件系统。

主动反馈系统：是指运营人主动将航空器的运行信息发送给监视系统。

被动反馈系统：是指航空器被雷达、ADSB系统、北斗等手段从地面进行监视的系统，该反馈信息不经过运营人。

民用无人机驾驶员资格要求：民用无人机驾驶员应当根据其所驾驶的民用无人机的等级分类，符合《民用无人驾驶航空器系统驾驶员管理暂行规定》（AC-61-FS-2013-20）中关于执照、合格证、等级、训练、考试、检查和航空经历等方面的要求。

禁止酒驾：民用无人机驾驶员在饮用任何含酒精的液体之后的8小时之内或处于酒精作用之下或者受到任何药物影响及其工作能力对飞行安全造成影响的情况下，不得驾驶无人机。

控制能力要求：驾驶员应当能够随时控制无人机。对于使用自主模式的无人机，无人机驾驶员必须能够随时操控。

附录C

无人机驾驶员职责相关法律法规

《民用无人机驾驶员管理规定》（AC-61-FS-2018-20R2）摘要：

适用范围：

本咨询通告用于民用无人机系统驾驶人员的资质管理。其涵盖范围包括：

（1）无机载驾驶人员的无人机系统。

（2）有机载驾驶人员的航空器，但该航空器可同时由外部的无人机驾驶员实施完全飞行控制。

植保类无人机分类等级：

担任操纵植保无人机系统并负责无人机系统运行和安全的驾驶员，应当持有按本规定颁发的具备V分类等级的驾驶员执照，或经农业农村部等部门规定的由符合资质要求的植保无人机生产企业自主负责的植保无人机操作人员培训考核。

执照和等级分类：

对于完成训练并考试合格，符合本规定颁发民用无人机驾驶员执照和等级条件的人员，在其驾驶员执照上签注如下信息：

A．驾驶员等级：视距内等级、超视距等级、教员等级。

B．类别等级：固定翼、直升机、多旋翼、垂直起降固定翼、自转旋翼机、飞艇、其他。

C．分类等级：

分类等级	空机重量/千克	起飞全重/千克
Ⅰ	$0<W\leqslant0.25$	
Ⅱ	$0.25<W\leqslant4$	$1.5<W\leqslant7$
Ⅲ	$4<W\leqslant15$	$7<W\leqslant25$
Ⅳ	$15<W\leqslant116$	$25<W\leqslant150$
Ⅴ	植保类无人机	
Ⅵ	$116<W\leqslant5700$	$150<W\leqslant5700$
Ⅶ	$W>5700$	

本咨询通告使用的术语定义：

（1）无人机（UA，Unmanned Aircraft）是由控制站管理（包括远程操纵或自主飞行）的航空器。

（2）无人机系统（UAS，Unmanned Aircraft System）是指无人机以及与其相关的遥控站（台）、任务载荷和控制链路等组成的系统。

（3）无人机系统驾驶员，对无人机的运行负有必不可少职责并在飞行期间适时操纵无人机的人。

（4）等级是指填在执照上或与执照有关并成为执照一部分的授权，说明关于此种执照的特殊条件、权利或限制。

（5）类别等级指根据无人机产生气动力及不同运动状态依靠的不同部件或方式，将无人机进行划分并成为执照一部分的授权，说明关于此种执照的特殊条件、权利或限制。

（6）固定翼指动力驱动的重于空气的一种无人机，其飞行升力主要由给定飞行条件下保持不变的翼面产生。在本规定中作为类别等级中的一种。

（7）直升机是指一种重于空气的无人机，其飞行升力主要由在垂直轴上一个或多个动力驱动的旋翼产生，其运动状态改变的操纵一般通过改变旋翼桨叶角来实现。在本规定中作为类别等级中的一种。

（8）多旋翼是指一种重于空气的无人机，其飞行升力主要由三个及以上动力驱动的旋翼产生，其运动状态改变的操纵一般通过改变旋翼转速来实现。在本规定中作为类别等级中的一种。

（9）垂直起降固定翼是指一种重于空气的无人机，垂直起降时由与直升机、多旋翼类似起降方式或直接推力等方式实现，水平飞行由固定翼飞行方式实现，且垂直起降与水平飞行方式可在空中自由转换。在本规定中作为类别等级中的一种。

（10）自转旋翼机是指一种旋翼机，其旋翼仅在起动或跃升时有动力驱动，在空中平飞时靠空气的作用力推动自由旋转。这种旋翼机的推进方式通常是使用独立于旋翼系统的推进式动力装置。在本规定中作为类别等级中的一种。

（11）飞艇是指一种由动力驱动能够操纵的轻于空气的航空器。在本规定中作为类别等级中的一种。

（12）视距内（VLOS，Visual Line of Sight）运行，无人机在驾驶员或观测员与无人机保持直接目视视觉接触的范围内运行，且该范围为目视视距内半径不大于500米，人、机相对高度不大于120米。在本规定中作为驾驶员等级中的一种。

（13）超视距（BVLOS，Beyond VLOS）运行，无人机在目视视距以外的运行。在本规定中作为驾驶员等级中的一种。

（14）扩展视距（EVLOS，Extended VLOS）运行，无人机在目视视距以外运行，但驾驶员或者观测员借助视觉延展装置操作无人机，属于超视距运行的一种。

（15）授权教员是指持有按本规定颁发的具有教员等级的无人机驾驶员执照，并依据其教员等级上规定的权利和限制执行教学的人员。

（16）无人机系统的机长是指由运营人指派在系统运行时间内负责整个无人机系统运行和安全的驾驶员。

（17）无人机观测员，由运营人指定的训练有素的人员，通过目视观测无人机，协助无人机驾驶员安全实施飞行，通常由运营人管理，无证照要求。

（18）运营人是指从事或拟从事航空器运营的个人、组织或企业。

（19）控制站（也称遥控站、地面站），无人机系统的组成部分，包括用于操纵无人机的设备。

（20）指令与控制数据链路（C2，Command and Control data link），是指无人机和控制站之间为飞行管理之目的的数据链接。

（21）感知与避让是指看见、察觉或发现交通冲突或其他危险并采取适当行动的能力。

（22）无人机感知与避让系统是指无人机机载安装的一种设备，用以确保无人机与其他航空器保持一定的安全飞行间隔，相当于载人航空器的防撞系统。在融合空域中运行的XI、XII类无人机应安装此种系统。

（23）融合空域是指有其他有人驾驶航空器同时运行的空域。

（24）隔离空域是指专门分配给无人机系统运行的空域，通过限制其他航空器的进入以规避碰撞风险。

（25）人口稠密区是指城镇、乡村、繁忙道路或大型露天集会场所等区域。

（26）空机重量是指不包含载荷和燃料的无人机重量，该重量包含燃料容器和电池等固体装置。

（27）飞行经历时间，是指为符合民用无人机驾驶员的训练和飞行时间要求，操纵无人机或在模拟机上所获得的飞行时间，这些时间应当是作为操纵无人机系统必需成员的时间，或从授权教员处接受训练或作为授权教员提供教学的时间。

（28）飞行经历记录本是指记录飞行经历时间和相关信息的证明材料，包括纸质飞行经历记录本和由无人机云交换系统支持的电子飞行经历记录本。

（29）训练记录是指为获取执照或等级而接受相关训练的证明材料，包括纸质训练记录和由无人机云交换系统支持的电子化训练记录。

（30）理论考试是指航空知识理论方面的考试，该考试是颁发民用无人机驾驶员执照或等级所要求的，可以通过笔试或者计算机考试来实施。

（31）实践考试是指为取得民用无人机驾驶员执照或者等级进行的操作方面的考试（包括实践飞行、综合问答、地面站操作），该考试通过申请人在飞行中演示操作动作及回答问题的方式进行。

（32）申请人是指申请无人机驾驶员执照或等级的自然人。

（33）无人机云系统（简称无人机云）是指轻小民用无人机运行动态数据库系统，用于向无人机用户提供航行服务、气象服务等，对民用无人机运行数据（包括运营信息、位置、高度和速度等）进行实时监测。

（34）无人机云交换系统（无人机云数据交换平台）是指由民航局运行，能为多个无人机云系统提供实时数据交换和共享的实时动态数据库系统。

（35）分布式操作是指把无人机系统操作分解为多个子业务，部署在多个站点或者终端进行协同操作的模式，不要求个人具备对无人机系统的完全操作能力。

附录D

无人机操作员证照要求

（1）植保无人机证照要求

担任操纵植保无人机系统并负责无人机系统运行和安全的驾驶员，应当持有按本规定颁发的具备V分类等级的驾驶员执照，或经农业农村部等部门规定的由符合资质要求的植保无人机生产企业自主负责的植保无人机操作人员培训考核。

（2）在驾驶员执照上增加V分类等级，申请人应当符合下列规定：

1）依据《轻小无人机运行规定（试行）》（AC-91-31），完成/由授权教员提供的驾驶员满足植保无人机要求的训练。

2）由授权教员在申请人的飞行经历记录本或者训练记录上签字，证明其在植保无人机运行相关航空知识方面是合格的。

3）由授权教员在申请人的飞行经历记录本或者训练记录上签字，证明其在植保无人机运行相关飞行技能方面是合格的。

4）由授权教员在申请人的飞行经历记录本和训练记录上签字，证明其已取得操纵相应类别V分类等级无人机至少10小时的实践飞行训练时间。

5）通过了相应类别等级植保无人机运行相关的理论考试。

（3）证照的有效期

1）按本规定颁发的驾驶员执照有效期限为两年，且仅当执照持有人满足本规定和有关中国民用航空运行规章的相应训练与检查要求、并符合飞行安全记录要求时，方可行使其执照所赋予的相应权利。

2）执照持有人应在执照有效期期满前三个月内向局方申请重新颁发执照。

（4）年龄要求

按照《无人驾驶航空器飞行管理暂行条例（征求意见稿）》相关规定：

第二十条 轻型无人机驾驶员应当年满14周岁，未满14周岁应当有成年人现场监护；小型无人机驾驶员应当年满16周岁；中型、大型无人机驾驶员应当年满18周岁。

（5）无证飞行违法处罚

按照《无人驾驶航空器飞行管理暂行条例（征求意见稿）》相关规定：

第五十三条 未满14周岁且无成年人现场监护而驾驶轻型无人机飞行的，由民用航空管理机构处以200元以上500元以下罚款。

未按照规定取得民用无人机驾驶员合格证或者执照驾驶民用无人机的，由民用航空管理机构处以5千元以上10万元以下罚款。超出合格证或者执照载明范围驾驶无人机的，由民用航空管理机构暂扣合格证或者执照6个月以上1年以下，并处以3万元以上20万元以下罚款。

参考文献

[1] 孙毅. 无人机驾驶员航空知识手册 [M]. 北京：中国民航出版社，2014.

[2] 孙毅. 无人机驾驶初级 [M]. 北京：高等教育出版社，2020.

[3] 于坤林. 无人机概论 [M]. 北京：机械工业出版社，2019.

[4] 于坤林. 无人机维修技术 [M]. 北京：航空工业出版社，2020.

[5] 鹿秀凤，冯建雨. 无人机组装与调试 [M]. 北京：机械工业出版社，2019.

[6] 鲁储生. 无人机组装与调试 [M]. 北京：清华大学出版社，2018.

[7] 符长青，曹兵. 多旋翼无人机技术基础 [M]. 北京：清华大学出版社，2017.

[8] 刘岩松. 民航概论 [M]. 北京：清华大学出版社，2017.

[9] 张垚. 无人机驾驶员理论培训教材 [M]. 北京：航空工业出版社，2016.

[10] 何雄奎，程忠义. 无人机植保技术 [M]. 北京：中国民航出版社，2018.